Thomas Pellehn

Análisis de los métodos de evaluación de impactos ambientales: Dragado de Río

AF532360

yes

I want morebooks!

Buy your books fast and straightforward online - at one of world's fastest growing online book stores! Environmentally sound due to Print-on-Demand technologies.

Buy your books online at
www.morebooks.shop

Achetez vos livres en ligne, vite et bien, sur l'une des librairies en ligne les plus performantes au monde!
En protégeant nos ressources et notre environnement grâce à l'impression à la demande.

La librairie en ligne pour acheter plus vite
www.morebooks.shop

KS OmniScriptum Publishing
Brivibas gatve 197
LV-1039 Riga, Latvia
Telefax: +371 686 204 55

info@omniscriptum.com
www.omniscriptum.com

Thomas Pellehn

Análisis de los métodos de evaluación de impactos ambientales: Dragado de Río

Caso de estudio del área adjunta al islote El Palmar ubicado en el Río Guayas, Guayaquil-Ecuador

PUBLICIA

Imprint
Any brand names and product names mentioned in this book are subject to trademark, brand or patent protection and are trademarks or registered trademarks of their respective holders. The use of brand names, product names, common names, trade names, product descriptions etc. even without a particular marking in this work is in no way to be construed to mean that such names may be regarded as unrestricted in respect of trademark and brand protection legislation and could thus be used by anyone.

Cover image: www.ingimage.com

Publisher:
PUBLICIA
is a trademark of
International Book Market Service Ltd., member of OmniScriptum Publishing Group
17 Meldrum Street, Beau Bassin 71504, Mauritius

Printed at: see last page
ISBN: 978-620-2-43183-5

Copyright © Thomas Pellehn
Copyright © 2019 International Book Market Service Ltd., member of OmniScriptum Publishing Group

ABREVIATURAS

GPG Gobierno Provincial del Guayas

EIA Estudio de Impacto Ambiental

RIAM Matriz Rápida de Evaluación de Impacto

SUIA Sistema Único de Información Ambiental.

CI Certificado de Intersección

SNAP Sistema Nacional de Áreas Protegidas

PFE Patrimonio Forestal del Estado

BVP Bosque y Vegetación Protectora

MAE Ministerio del Ambiente del Ecuador

ÍNDICE GENERAL

ABREVIATURAS III

ÍNDICE DE TABLAS VII

ÍNDICE DE CUADROS VIII

ÍNDICE DE FIGURAS IX

RESUMEN X

INTRODUCCIÓN 1

DELIMITACIÓN DEL PROBLEMA 2

FORMULACIÓN DEL PROBLEMA 3

JUSTIFICACIÓN 3

OBJETO DE ESTUDIO 3

CAMPO DE INVESTIGACIÓN 3

OBJETIVO GENERAL 3

OBJETIVO ESPECÍFICO 4

NOVEDAD CIENTÍFICA 4

ORGANIZACIÓN DEL DOCUMENTO 4

CAPÍTULO I 6

1 Marco teórico 6

1.1 Teorías generales 9

1.2 Teorías sustantivas 9

1.3 Referentes empíricos 11

CAPÍTULO II 12

2 Marco Metodológico 12

2.1 Metodología 12

2.1.1 Similitud entre las listas de impactos detectados 13

2.2 Métodos 14

2.2.1 Teóricos y empíricos 14

2.2.2 Detección de impactos 15

2.2.3 Evaluación de impactos: el método Matriz de Evaluación Rápida de Impacto (RIAM) 15

2.2.4 Comparación de las variables en los métodos de evaluación 19

2.2.5 Comparación de métodos de evaluación 20

2.3 Hipótesis 23

2.4 Universo 24

2.5 CDIU – Operacionalización de variables 24

2.6 Gestión de datos 27

2.7 Criterios éticos de la investigación. 27

CAPÍTULO III 29

3 Resultados 29

3.1 Antecedentes de la unidad de análisis 29

3.1.1 Características de la unidad de análisis 29

3.1.2 Características del proyecto 30

3.1.3 Detección de impactos 31

3.1.4 Similitud entre los impactos identificados ... 32

3.1.5 Jerarquía de impactos ... 32

CAPÍTULO IV ... 63

4 Discusión ... 63

4.1 Aspectos específicos del EsIA del dragado ... 63

4.2 Contrastación empírica ... 67

4.3 Limitaciones ... 68

4.4 Líneas de investigación ... 68

4.5 Aspectos relevantes ... 69

CAPÍTULO V ... 70

5 Propuesta ... 70

5.1 Propuesta a la norma ... 70

5.2 Propuesta al proyecto de dragado ... 71

5.3 Conclusiones ... 71

5.3.1 Conclusiones generales ... 71

5.3.2 Conclusiones acerca del EsIA del proyecto ... 72

5.4 Recomendaciones ... 73

5.4.1 Recomendaciones para la norma legal ... 73

5.4.2 Recomendaciones para el proyecto ... 73

Bibliografía ... 74

ANEXOS ... 78

ÍNDICE DE TABLAS

Tabla 1. Criterios del grupo A de la matriz RIAM 16

Tabla 2. Criterios del grupo B de la matriz RIAM 17

Tabla 3. Rangos para jerarquizar los impactos en la matriz RIAM 18

Tabla 4. Comparación de criterios de impacto aplicables según autores (Indicadores) 20

Tabla 5. Lista comparativa de impactos identificados 39

Tabla 6. Impactos identificados en este estudio 41

Tabla 7. Evaluación de impactos utilizando RIAM 43

Tabla 8. Comparación cuantitativa de impactos evaluados por los dos (2) métodos. 44

Tabla 9. Lista de Consenso 46

Tabla 10. Tabulación encuestas de expertos 53

ÍNDICE DE CUADROS

Cuadro 1. Comparativo de modelos de indicadores según métodos 21

Cuadro 2. Definición de las variables. 25

Cuadro 3. Comparación de impactos detectados. 32

Cuadro 4. Comparación cualitativa de impactos identificados con matrices de contingencia. 34

ÍNDICE DE FIGURAS

Figura 1. Ubicación del área donde se realizará el dragado, el recorrido de las tuberías de transporte de sedimentos y las áreas de depósito 78

Figura 2. Ubicación de camaroneras y del área de dragado 79

RESUMEN

Los Estudios de Impacto Ambiental son una herramienta de gestión ambiental para minimizar los efectos negativos de obras, proyectos y procesos. En Ecuador, la legislación ambiental vigente no incluye suficientes mecanismos de control y revisión para que el proponente valide los resultados de un Estudio de Impacto Ambiental (EsIA), antes de ser presentado a la Autoridad Ambiental Competente(AAC). Esta tesis analiza una parte crítica del proceso de un proyecto de importancia regional y local que ha sido aprobado por la máxima autoridad ambiental nacional: la identificación y evaluación de impactos. Se seleccionó un proyecto de una obra pública de dragado, cuyo diseño y estudio ambiental fue hecho público a través del sistema de Compras Públicas del Estado, como parte de las bases (Pliegos y Términos de Referencia) de contratación de su ejecución. Se encontraron diferencias en la detección y evaluación al utilizar métodos alternativos y, por lo tanto, en la selección de las medidas ambientales para la mitigación de impactos. Un enfoque erróneo o superficial , así como la omisión de medida(s) a su vez, puede producir graves daños ambientales con costos de remediación significantes. De esta manera, se propone modificar la norma para que el proponente cuente con una herramienta de verificación sin realizar inversiones de gran envergadura, y para que la autoridad ambiental pueda optimizar la revisión y licenciamiento de este tipo de proyectos.

INTRODUCCIÓN

Los estudios de impacto ambiental (EsIA) son una herramienta de gestión ambiental para detectar y mitigar riesgos e impactos ambientales, así como de carácter social de incidencia negativa de un proyecto (Agilo et al. 1996; Canter, 1999). Desde los años 70, con la creación de la NEPA en los EE.UU., los EsIA han sido utilizados en todo el mundo con diversidad de variantes, con cambios en los métodos y en las formas de seguimiento de sus resultados. Sin embargo, esta herramienta ha estado en permanente evolución con modificaciones de todo tipo; desde aquellas sobre sus mismas bases teóricas hasta modificaciones en sus aspectos metodológicos (Contreras et al. 2015; Morgan, 2012; Tómas, 2014).

Recientemente, la Academia ha hecho notar problemas de otro tipo que se han presentado en algunos países del mundo, donde los EsIA no estarían cumpliendo con su objetivo debido a diferentes formas de corrupción (manipulación de datos, conflictos de intereses, extorsión, fraude y otros) en las diferentes etapas del proceso (cribado, *scoping*, preparación del informe, y entrega y revisión del informe) (Kahangirwe, 2011; Williams, 2017).

Uno de los pasos más importantes en el proceso de elaboración de un EsIA es la Identificación y Evaluación de Impactos, que tiene como objetivo detectar los posibles impactos que podría generar una o más acciones del proyecto sobre uno o varios componentes ambientales, valorarlos y jerarquizarlos para priorizar las inversiones que se realizarán a través de un Plan de Manejo (Garmendia et al. 2005). En esta etapa, es crucial hacer una exhaustiva detección de los posibles impactos que podrían generar la obra o actividad. Esta se puede realizar sobre la base de la caracterización actualizada de los aspectos ambientales y sociales (Línea Base), y de una apropiada desagregación de las actividades del proyecto. El Plan de Manejo (PM) de un EsIA se basa en la etapa de la identificación y evaluación de los impactos, y si en esa etapa se excluye información relevante o no son apropiadamente analizados uno o varios impactos, el PM no incluirá medidas que sirvan para mitigar sus efectos.

La evidencia empírica de los conflictos que existe entre la ejecución de varios proyectos y las agrupaciones ecologistas y poblaciones locales (minería, explotación de petróleo en áreas protegidas, entre otras actividades extractivas), indica que los lineamientos de la actual legislación ecuatoriana sobre la forma de realizar un EsIA no estarían garantizando que el proponente de un proyecto pueda enfrentar con éxito los riesgos de generar conflictos de toda índole durante la ejecución y operación de los mismos. Este estudio, precisamente, se concentra en el que sería el punto débil del proceso: el componente de Identificación y Evaluación. (Universo, 2010)

Sobre esta base se justifica que el Estado y la sociedad civil busquen mejorar el uso de buenas prácticas ambientales que aporten a la reducción de la contaminación y a la conservación del medio ambiente, de acuerdo con el Objetivo 3.3 del Plan Nacional para el Buen Vivir 2017 - 2021 (SENPLADES, 2017).

DELIMITACIÓN DEL PROBLEMA

El problema de investigación se enmarca dentro del proceso de elaboración de un estudio de impacto ambiental (EsIA) de un proyecto, obra o actividad. La ausencia de algún medio de validación que minimice las posibilidades que se presenten inconsistencias en el EsIA produce que el tiempo de *revisión - corrección - revisión - aprobación*, sea mayor al que demoraría si los revisores de la AAC recibiesen un EsIA que ha sido revisado y corregido por parte del mismo proponente. También podría ocurrir que debido al reducido personal con que cuentan las AAC los estudios no sean exhaustivamente analizados y, durante la ejecución u operación, se presenten problemas ambientales que hubieran podido ser oportunamente previstos y mitigados. Todos los problemas que esto desencadenaría únicamente retrasarían la ejecución de la obra, con un aumento de costos a la vista.

FORMULACIÓN DEL PROBLEMA

Durante le regularización en el campo ambiental de un proyecto, el uso de métodos alternativos para la identificación y evaluación de impactos, de forma simultánea y realizado por un especialista externo al proceso original, reduciría significativamente cualquier riesgo que puedan presentarse inconsistencias en la etapa de *Identificación y Evaluación de Impactos*.

JUSTIFICACIÓN

El Estado y la sociedad civil deben buscar mejorar el uso de buenas prácticas ambientales que aporten a la reducción de la contaminación y a la conservación, de acuerdo con el Objetivo 3.3 del Plan Nacional para el Buen Vivir 2017 - 2021 (SENPLADES, 2017).

OBJETO DE ESTUDIO

El objeto de esta tesis es el proceso de detección y evaluación de los impactos ambientales en los Estudios de Impacto Ambiental en la República del Ecuador.

CAMPO DE INVESTIGACIÓN

Esta tesis está relacionado con dos(2) campos de investigación: la Ecología Humana y el Derecho Ambiental.

OBJETIVO GENERAL

El objetivo general es proponer un mecanismo de tipo metodológico, apoyado sobre una base legal, que permita el fortalecimiento de la norma que regula el contenido y procedimiento para la elaboración de un EsIA en Ecuador.

Objetivo específico

Para lograr cumplir con el objetivo general, se debe cumplir con dos(2) objetivos específicos: (a) determinar si utilizando un método alternativo de detección y evaluación de impactos se mejora el pronóstico de impactos, y (b) verificar si el Plan de Manejo puede ser mejorado al utilizar un método adicional para la evaluación y jerarquización de impactos.

Novedad científica

La inclusión de una medida de control de la información en una de las etapas del proceso del EsIA, ha sido propuesto dentro de un mecanismo de certificación (Bond et al. 2016), tomando en cuenta un ligero incremento de los costos y un eventual mayor plazo para la elaboración del estudio. La novedad de este estudio se encuentra en la propuesta de mejorar la eficiencia y confiabilidad de un EsIA con la participación de un especialista certificado que, utilizando métodos alternativos y de manera simultánea, verifique la certeza del proceso realizado, antes de iniciar la elaboración del Plan de Manejo Ambiental. Este paso trascendental sólo requeriría de una breve modificación de la normativa existente, y su ejecución incrementaría los beneficios con un pequeño aumento proporcional del costo.

Organización del documento

Este documento presenta las teorías generales acerca de los estudios de impacto ambiental como una herramienta de gestión ambiental y, además, las teorías sustantivas. Se incluyen también los referentes empíricos, el propósito del estudio y la línea de investigación (Capítulo 1).

Igualmente, se detallan los métodos teóricos y empíricos mediante los cuales se compararon los resultados del estudio de impacto ambiental elaborado por el Gobierno Provincial del Guayas (GPG), con los obtenidos con otro método similar. Se describe el método de Matriz de Evaluación Rápida de Impacto (RIAM), y se presenta la hipótesis de este estudio y los criterios éticos seguidos rigurosamente en esta investigación (Capítulo 2).

Los Resultados (Capítulo 3) presentan los antecedentes de la unidad de análisis,como el diagnóstico del proyecto propuesto por el GPG. Se analiza el impacto por la suspensión y distribución de sedimentos contaminados, y los riesgos de afectación a cultivos acuícolas.

En cuanto a la Discusión, en el Capítulo 4, se explica la contrastación empírica, las limitaciones que existieron en el desarrollo del estudio, las líneas de investigación y los aspectos relevantes encontrados en el mismo. Se añade a la discusión información disponible de otros casos de dragado en el mundo, que guardan relación o similitud con el proyecto analizado.

Las Conclusiones (Capítulo 5) confirman la hipótesis, que con la selección y aplicación de otro método de análisis y evaluación de un proyecto se mejora la identificación de impactos relevantes. La recomendación resultante induce a que el proyecto de dragado elabore un estudio más específico o complementario de impactos ambientales.

CAPÍTULO I

1 Marco teórico

La inclusión de los estudios de impacto ambiental como parte del diseño y ejecución de proyectos, acciones y obras en el Ecuador, nace formalmente en 1999 con la creación de la Ley de Gestión Ambiental, en la cual se determina la obligatoriedad de:

"Contar con un Sistema Único de Manejo Ambiental para la aplicación de la evaluación de impacto ambiental (Art. 19) y contar con la licencia respectiva, otorgada por el Ministerio del ramo, para el inicio de toda actividad que suponga riesgo ambiental" (Art. 20).

La LGA definió como Evaluación de Impacto Ambiental:

"*procedimiento administrativo de carácter técnico que tiene por objeto determinar obligatoriamente y en forma previa, la viabilidad ambiental de un proyecto, obra o actividad pública o privada. Tiene dos fases; el estudio de impacto ambiental y la declaratoria de impacto ambiental. Su aplicación abarca desde la fase de prefactibilidad hasta la de abandono o desmantelamiento del proyecto, obra o actividad pasando por las fases intermedias.*"

Sobre la base de esta norma se desarrolló en el país una línea de especialización profesional para la elaboración de estudios de impacto ambiental basada en la experiencia que existía en los países desarrollados, sobre todo en los Estados Unidos de América desde el año 1970 con el nacimiento de la *National Environmental Policy Act* 1970 (NEPA) (Morgan, 2012). A su vez, en los Estados Unidos de América, la herramienta de gestión ambiental conocida como Estudio de Impacto Ambiental ha pasado por varias etapas en las que se ha analizado la teoría del EIA, los problemas prácticos y su efectividad (Morgan, 2012).

En Ecuador, desde 1999, se emitieron varias normas para regular el proceso de evaluación ambiental hasta que el 2003, teniendo como resultante que el Ministerio del Ambiente elaboró el Texto Unificado de Legislación Secundaria(TULAS), el cual establece el contenido mínimo que debe contener un Estudio de Impacto Ambiental (Art 17 del Libro VI):

- Resumen ejecutivo en un lenguaje sencillo y adecuado tanto para los funcionarios responsables de la toma de decisiones como para el público en general;
- Descripción del entorno ambiental (línea base o diagnóstico ambiental) de la actividad o proyecto propuesto con énfasis en las variables ambientales priorizadas en los respectivos término de referencia (focalización);
- Descripción detallada de la actividad o proyecto propuesto;
- Análisis de alternativas para la actividad o proyecto propuesto;
- Identificación y evaluación de los impactos ambientales de la actividad o proyecto propuesto;
- Plan de manejo ambiental que contiene las medidas de mitigación, control y compensación de los impactos identificados, así como el monitoreo ambiental respectivo.

Lista de los profesionales que participaron en la elaboración del estudio.

Estas disposiciones fueron derogadas en mayo de 2015, cuando se reformó el Libro VI del Texto Unificado de Legislación Secundaria del Ministerio del Ambiente, mediante el Acuerdo Ministerial No. 061, publicado en el Registro Oficial 316 del 4 de mayo de 2015. En su lugar, en el Art. 30, donde se menciona el contenido de los términos de referencia, se menciona que la AAC establecerá métodos en forma general, sin especificar metodologías. Sin embargo, en el SUIA el Ministerio del Ambiente, en su página web, creó un grupo de términos de referencia(TdR) para un determinado número de actividades.

En la misma reforma (Art. 28) se define a la evaluación de impactos ambientales como:

"...un procedimiento que permite predecir, identificar, describir, y evaluar los potenciales impactos ambientales que un proyecto, obra o actividad pueda ocasionar al ambiente; y con este análisis determinar las medidas más efectivas para prevenir, controlar, mitigar y compensar los impactos ambientales negativos, enmarcado en lo establecido en la normativa ambiental aplicable".

Para la evaluación de impactos ambientales se observa las variables ambientales relevantes de los medios o matrices, entre estos:

a) Físico (agua, aire, suelo y clima);

b) Biótico (flora, fauna y sus hábitat);

c) Socio-cultural (arqueología, organización socioeconómica, entre otros);

Se garantiza el acceso de la información ambiental a la sociedad civil y funcionarios públicos de los proyectos, obras o actividades que se encuentran en proceso o cuentan con licenciamiento ambiental.

Dentro de este contexto, el Ministerio del Ambiente desarrolló un sistema de delegación de competencias que comprende la posibilidad que los gobiernos autónomos descentralizados (GADs) puedan convertirse en autoridades ambientales competentes dentro del territorio que administran. Por lo tanto, la autoridad nacional (MAE), así como como las provinciales y municipales han estimulado la demanda de profesionales con formación en gestión ambiental, de servicios para estudios ambientales en diferentes disciplinas y la oferta de servicios de consultoría ambiental. El Ministerio del Ambiente, lleva un registro de compañías y consultores ambientales, que son los autorizados para realizar estudios de impacto ambiental y auditorías de cumplimiento de los planes de manejo.

1.1 Teorías generales

La elaboración y proceso de aprobación de los estudios de impacto ambiental, desde hace unos 17 años en el Ecuador, se ha reforzado con la obligatoriedad que los EsIA sean considerados documentos de presentación y revisión pública a través de varios sistemas, uno de ellos el de ser elevados a la Internet.

Los profesionales que dirigen y participan en la elaboración de los EsIA utilizan métodos de identificación y evaluación que son desarrollados desde los años 70 en los Estados Unidos de América, como son la Matriz de Leopold, creada por Luna Leopold y aplicados a partir de la aparición de la NEPA. La Matriz de Leopold, con una gran variedad de modificaciones (Aguilo et al. 1992; Astorga, 2003; Conesa 2000; Canter, 1999), es utilizada tanto para la identificación como para la evaluación de impactos.

Aunque la efectividad de los EsIA está en constante debate, la comunidad internacional reconoce que su mayor fortaleza es su aceptación por los gobiernos nacionales y organismos internacionales (Morgan, 2012) como mecanismos de control a las actividades humanas y protección al medio ambiente.

Una de las debilidades encontradas en los EsIA resulta en su proceso de evaluación de impactos, que conlleva a un sistema de jerarquización que, a su vez, es la guía para tomar decisiones por parte de los administradores públicos y la asignación de recursos durante la ejecución de las medidas ambientales que ayudarán a minimizar los efectos negativos de la obra o actividad.

1.2 Teorías sustantivas

Los métodos de detección (llamados de identificación) y evaluación de impactos ambientales, se basan en el uso de la interacción de las partes de dos (2) sistemas (componentes ambientales y acciones del proyecto, obra o actividad), cuya interacción se utiliza como un tercero, del cual se obtiene un valor que corresponde a una calificación del impacto.

Los diferentes criterios de los métodos de evaluación de impactos se resumen en dos(2) corrientes: objetivas y subjetivas.

Los métodos "objetivos" se respaldan en una descripción cuantitativa basada en números enteros que corresponde a la medida de cada una de las características que puede tener un impacto. Las características de los impactos, y su valoración, son propuestas en una tabla; estos valores serán utilizados en una fórmula. La valoración de las características de cada característica de un impacto no acepta valores intermedios (con decimales) o diferentes. El resultado del uso de la fórmula corresponde al impacto global del proyecto, obra o actividad; estos valores también sirven para jerarquizar la importancia o magnitud de cada impacto. (Conesa, 2000; Espinoza, 2001, Garmendia et al 2005). Estos métodos son conocidos como de "números precisos" (Cuadro 2).

Los diferentes valores que se obtiene para los impactos sirven, a su vez, para separar los impactos de acuerdo con el grado de "agresividad" a alguno de los factores ambientales. Los negativos con mayor valor serían los más importantes y que requieren medidas ambientales drásticas para minimizar su efecto; al otro lado, están los de menor valor negativo (más cercanos a cero) que, a lo mejor, sólo requieren medidas de bajo costo o temporales.

Los métodos subjetivos o "cualitativos" se basan en categorías ordinales (Bajo, Medio, Alto o Muy Alto), que son valoradas dentro de un rango subjetivo previamente establecido.

Los métodos "cuantitativos", así como los "cualitativos", han recibido críticas sobre la validez del procedimiento científico, exponiendo básicamente las siguientes razones: si (a) la valoración cuantitativa utiliza variables cualitativas y (b) la valoración cualitativa utiliza variables cuantitativas, en (c) no se tienen en cuenta las incertidumbres, a pesar de que son métodos predictivos; y, (d) las variables utilizadas para valorar los impactos utilizan escalas distintas de ponderación (Tomás, 2014).

Sin embargo, para el sistema nacional, un cambio en el desarrollo de métodos menos subjetivos demandará modificaciones en la legislación nacional o una iniciativa de la Academia para incluir en sus programas de especialización profesional el análisis y enseñanza de mejores métodos de evaluación de impactos ambientales.

Mientras eso ocurre, sobre todo en los países en desarrollo como el Ecuador, se utiliza un método alternativo que salva algunas discrepancias de los métodos de los "números precisos", el método conocido como RIAM, acrónimo de *Rapid Impact Assessment Matrix*, cuya descripción se presenta en el Capítulo 2.

1.3 Referentes empíricos

Hay varias evidencias de la realidad nacional, en el sentido que una inadecuada detección y evaluación de impactos ambientales de un proyecto, obra o actividad, pueden provocar conflictos sociales y daños ambientales que pudieron haber sido minimizados previamente por el mismo proponente. Paez (2002), sobre la base de sendas auditorias, resume las deficiencias encontradas en el proceso de evaluación de impactos ambientales en quince(15) industrias que implican las tres(3) ciudades más pobladas de Ecuador,

CAPÍTULO II

2 Marco Metodológico

2.1 Metodología

La metodología general de este trabajo se basa en el estado actual de los métodos propuestos para realizar EsIA, con los alcances y limitaciones que han tenido hasta ahora (Morgan, 2012), sobre todo debido a que, como indican Contreras y colaboradores (Contreras *et al.* 2015): "*...sólo se tiene en cuenta como un requisito legal en la realización de un proyecto de inversión, mas no como estrategia global enfocada a la sostenibilidad*".

Este estudio está orientado a demostrar que el uso de un método alternativo de evaluación de impactos ambientales en el Sistema Único de Información Ambiental Nacional, mejoraría la efectividad de los EsIA en el país, minimizaría la predicción de los posibles efectos negativos de las obras de desarrollo y en consecuencia, haría más efectivo el Plan de Manejo Ambiental.

En términos generales, la metodología que se ha utilizado comprende el tomar una muestra del universo de estudios ambientales que aprueban las autoridades ambientales locales. La muestra no fue seleccionada de forma aleatoria, sino sobre la base de los siguientes criterios:

1. Que se trate de un proyecto de importancia local, regional y nacional. Se asume que un proyecto de este tipo y su estudio ambiental, recibiría un alto grado de atención por parte del proponente, así como de la autoridad ambiental competente.
2. Que haya pasado por el proceso de revisión y consulta para su aprobación y obtención de la licencia ambiental.
3. Que la información esté disponible.

Una vez seleccionada la unidad de análisis, se desagregó el componente de identificación de impactos hasta obtener una lista que sea comparable con la lista de verificación que se elaboró de la forma clásica como se indicó en el numeral 1.2, enfrentándo las acciones del proyecto contra los componentes ambientales.

Las acciones del proyecto capaces de producir impactos negativos (que signifiquen cambios desfavorables a las condiciones existentes), fueron asociadas a los componentes ambientales (v.g. calidad del agua, fauna acuática), y aquellas relaciones en las que se detectaba la posibilidad de un alto riesgo de modificar las condiciones actuales en detrimento, se incluía ésta como un impacto. A manera de ejemplo, planteamos la siguiente situación : la suspensión de sedimentos del fondo *vs la* calidad del agua resultante de un incremento en la turbidez y en los sólidos en suspensión que puede tener efectos sobre los peces o sobre los camarones que se crían en cautiverio aguas abajo del área de dragado.

Las acciones del proyecto y su magnitud (v.g. longitud, volumen, duración) fueron obtenidas del diseño (Garzón, 2016) y del EsIA (Estupiñán, 2016). Los componentes ambientales y su caracterización se encuentran en el EsIA.

2.1.1 Similitud entre las listas de impactos detectados

Los impactos detectados por el autor fueron comparados con los identificados por el EsIA del GPG, mediante la fórmula de Similitud de Jaccard (*J*) (Southwood 1996), que mide el grado de similitud entre dos conjuntos, sea cual sea el tipo de elementos:

$$J = \frac{j}{(a+b-j)}$$

Donde:

j, es el número de unidades comunes para los dos conjuntos.

a y *b*, son respectivamente el número total de unidades para cada conjunto.

El valor de cero (0) significa que los conjuntos no presentan unidades (impactos pronosticados) en común, y tiende a uno (1) a medida que aumenta el número de impactos determinados compartidos (Real y Vargas, 1996).

2.2 Métodos

2.2.1 Teóricos y empíricos

El estudio técnico debe contener una identificación de relaciones causa - efecto entre acciones del proyecto y factores del medio. Las relaciones negativas son consideradas impactos ambientales capaces de producir cambios no deseados en uno o más de los componentes ambientales.

Los métodos para la identificación de impactos corresponden al uso de matrices, diagrama de redes y listas de control (Canter, L.W. , 1999), pero también se puede utilizar complementariamente el método denominado "reunión de expertos", que involucra la opinión de especialistas de cada ramo.

Para esta tesis se utilizaron matrices simples, las cuales recogen la lista de las acciones del proyecto en un eje y la de los factores ambientales a lo largo del otro eje de la matriz. Cuando se espera que una acción determinada provoque un cambio en un factor ambiental, éste se apunta en el punto de intersección de la matriz.

Esta matriz ha sido desarrollada con la ayuda de un panel de tres (3) expertos, consultados a través de cuestionarios con preguntas específicas al ámbito del estudio. Para la selección de los impactos se realizó una revisión de casos similares, y se elaboró una lista que fue puesta a consideración del panel de expertos para su revisión y posterior elaboración de una lista de consenso, que es comparada con la lista de impactos obtenida en el EIA original del islote El Palmar, que se pueden observar en la Tabla 9 y 10.

2.2.2 Detección de impactos

Sobre la base de la descripción del proyecto de dragado (Garzon, 2016) y la línea base ambiental elaborado para el Estudio de Impacto Ambiental, se elaboraron matrices de contingencias para identificar relaciones que representan potenciales impactos ambientales. Los impactos identificados están únicamente relacionados con el efecto de una actividad de la obra durante su ejecución sobre uno o más de los componentes ambientales (Cuadro 2, Tabla 5 y 6); los peligros por accidentes laborales o propios de la seguridad industrial son regulados por la legislación de riesgos de trabajo nacional y por lo tanto no forman parte de esta revisión.

2.2.3 Evaluación de impactos: el método Matriz de Evaluación Rápida de Impacto (RIAM)

El RIAM (del inglés "*Rapid Impact Assessment Matrix*") es una metodología que se basa en "criterios de valoración" de una matriz interactiva para la evaluación rápida del impacto y su significado. En la Tabla 4 se indican los componentes ambientales y su ámbito de acciones. El criterio de evaluación de la matriz se fundamenta en dos(2) principios básicos: la universalidad del criterio que aplica a cualquier Estudio de Impacto Ambiental (EIA), y el valor del criterio per se. En función de estos principios, la metodología RIAM define 5 criterios con una escala de valores semi-cuantitativos para dos grupos (A y B), como muestran las Tablas 1 y 2.

Tabla 1. Criterios del grupo A de la matriz RIAM

GRUPO	CRITERIO		SIGNIFICADO Y ESCALA DE VALORES
A	A1: importancia de la condición		Define la importancia de la condición del impacto, la cual se evalúa en función de los límites espaciales o de los intereses humanos a ser afectados, calificada como "no importante" hasta "importante" para los intereses nacionales o internacionales. Es una valoración cualitativa por consenso, independiente de los otros criterios, que puede ser importante a pesar de que su magnitud sea mínima.
			Escala de valores:
		4	De importancia Nacional / Interés Internacional
		3	De importancia Regional / Interés Nacional
		2	Importante para áreas inmediatas fuera de las condiciones locales
		1	Importante solo para la condición local
		0	Sin Importancia
	A2: magnitud del cambio o efecto		Este criterio mide la escala o intensidad del impacto en función de su beneficio o no beneficio. Por ejemplo: "no beneficio o cambio mayor", "no cambio o *status quo*", "beneficio positivo mayor". Mientras mayor sea la intensidad del impacto, mayor será la valoración de su magnitud.
		+3	Mayor Beneficio Positivo
		+2	Mejora significativa del *status quo*
		+1	Mejora en el *status quo*
		0	Sin cambios
		-1	Cambio negativo del status quo
		-2	Desmejora o cambio negativo significativo
		-3	Desmejora o cambio Mayor

Fuente: Pastakia, 1998

Tabla 2. Criterios del grupo B de la matriz RIAM

GRUPO	CRITERIO	SIGNIFICADO Y ESCALA DE VALORES
GRUPO B	Permanencia B1	Es el tiempo de exposición del impacto, que puede ser temporal o permanente. Entre mayor sea la permanencia, mayor será la valoración de este criterio. Escala de valores 1 = Sin cambios / No aplica 2 = Temporal 3 = Permanente
	Reversibilidad B2	Es una medida de control sobre el efecto del impacto y define si éste puede ser cambiado; no debe confundirse con "Permanencia". Por ejemplo: Un derrame accidental de un tóxico sobre un río es una condición temporal (B1), pero su efecto (muerte de peces) es irreversible (B2). El criterio Reversible aplica si al eliminar la causa desaparece el impacto, mientras que es Irreversible cuando el impacto persiste a pesar que se eliminó la acción generadora. Escala de valores 1 = Sin cambios / No aplica 2 = Reversible 3 = Irreversible
	Acumulativo B3	Mide si el efecto del impacto es único o si existen efectos acumulativos en el tiempo. El criterio Acumulativo es un medio para juzgar la sostenibilidad de la condición y no debe confundirse con una situación permanente o irreversible. Mientras mayor sea la acumulación, se pueden desencadenar otros impactos de manera sinérgica. Escala de valores 1 = Sin cambios / No aplica 2 = No Acumulativo / Simple 3 = Acumulativo / Sinergístico

Fuente: Pastakia, 1998

Tabla 3. Rangos para jerarquizar los impactos en la matriz RIAM

PUNTAJE (ES)	RANGO	INTERPRETACIÓN
+72 a +108	+E	Cambio/Impactos positivos mayores
+36 a +71	+D	Cambio/Impactos positivos significativos
+19 a +35	+C	Cambio/Impactos positivos moderados
+10 a +18	+B	Cambio/Impacto positivo
+1 a +9	+A	Cambio/Impacto ligeramente positivo
0	**N**	**Sin Cambios o importancia**
-1 a -9	-A	Cambio/Impacto ligeramente negativo
-10 a -18	-B	Cambios/Impacto negativo
-19 a -35	-C	Cambio/Impactos negativos moderados
-36 a -71	-D	Cambio/Impactos negativos significativos
-72 a -108	-E	Cambios/Impactos negativos mayores

Fuente: Pastakia, 1998

El Grupo "A" incluye los criterios correspondientes a la importancia de la situación (A1) y a la magnitud del cambio o efecto (A2). El Grupo "B" considera tres(3) criterios: Permanencia (B1), Reversibilidad (B2) y Acumulativo (B3).

La escala va desde valores negativos hasta positivos, incluyendo el cero para el Grupo "A." El cero expresa la condición de "Sin Cambios" o "No importantes", siendo un criterio sencillo para aislar aquellas condiciones no relevantes en el análisis de impactos.

En el Grupo "B" se usa "1" para la condición "Sin Cambios" o "No importantes"; no se utiliza el cero porque el puntaje final de la evaluación del impacto podría resultar cero, indistintamente si las variables del Grupo A reflejan una condición de importancia.

La Matriz RIAM jerarquiza los posibles impactos de las acciones sobre los componentes ambientales en 11 categorías: Neutro (N), una escala de 5 grados de impacto beneficioso (+A a +E) y una escala de 5 grados de impacto adverso (-A a -E), como se muestra en la Tabla 3. La valoración de cada impacto se hizo empleando una serie de fórmulas sencillas, donde se asigna una puntuación a cada acción del componente, según los criterios de evaluación.

Todos los puntajes del Grupo "A" se multiplican, mientras que los del Grupo "B" se suman. Así se determina el valor total de cada grupo (AT y BT), y ambos se multiplican (ATBT) para obtener el puntaje general (ES) de la evaluación del componente ambiental en estudio. Esta valoración se expresa mediante las siguientes ecuaciones:

$$A1A2 = AT \text{ (Ec.1)} \quad B1 + B2 + B3 = BT \quad \text{(Ec.2)}$$

$$ATBT = ES \text{ (Ec.3)}$$

Donde:

A1 y A2 son los puntajes de los criterios individuales del Grupo "A".

B1, B2 y B3 son los puntajes de los criterios individuales del Grupo "B".

AT es el resultado de la multiplicación de los puntajes del Grupo "A".

BT es el resultado de la suma de los puntajes del Grupo "B".

ES el puntaje general de la evaluación del componente ambiental.

2.2.4 Comparación de las variables en los métodos de evaluación

En la Tabla 1 se ilustran las diferentes variables utilizados por los métodos utilizados por Estupiñán, y aquellos usados como fuente. En la práctica, aunque las variables y las acciones tengan una asignación numérica, los métodos de EIA tienen un componente subjetivo que hace casi imposible que para un mismo proyecto se obtengan los mismos resultados(Coria, Estudio de Impacto Ambiental: Caracteristicas y Metodologias., 2008). Sobre esta base, más que tratar de comparar los resultados en términos numéricos, se busca comparar los impactos identificados y su importancia por el efecto que podrían tener.

Tabla 4. Comparación de criterios de impacto aplicables según autores (Indicadores)

CRITERIO (= VARIABLE)			Espinoza (2001)	Astorga (2003)	Estupiñán (2016)
Criterio de impacto			C +/-	SIGNO +/-	C +/-
Acumulación			-	-	AC
Duración			D	-	= Momento
Efecto			-	-	EF
Extensión			E	E	EX
Importancia			I	= Intensidad	= Intensidad
Intensidad			= Importancia	Int	I
Momento			-	M	MO
Ocurrencia (= probabilidad)			O	-	-
Periodicidad			-	-	PR
Persistencia			-	P	PS
Perturbación			P	-	-
Recuperabilidad			-	-	RC
Reversibilidad			R	R	RV

Fuente: Estupiñan 2016, Espinoza (2001), Astorga (2003).

2.2.5 Comparación de métodos de evaluación

Sobre la base de la descripción del proyecto de dragado (Garzon, 2016) y la línea base ambiental elaborado para el Estudio de Impacto Ambiental, se elaboraron matrices de contingencias para identificar relaciones que representan potenciales impactos ambientales. Los impactos identificados están únicamente relacionados con el efecto de una actividad de la obra durante su ejecución sobre uno o más de los componentes ambientales (Cuadro 1, Tabla 5 y 6).

En el Cuadro 1 se presenta la comparación de los indicadores utilizados para la evaluación de impactos por parte del GPG, y para esta tesis (RIAM).

Cuadro 1. Comparativo de modelos de indicadores según métodos

INDICADOR	Estupiñán (2016)	RIAM
INTENSIDAD	Determina el nivel de gravedad del impacto ambiental producido por las actividades sobre los factores. Bajo: 1 Medio: 2 Alto: 4 Muy Alto: 8	No considerado.
EXTENSIÓN	Se califica en función de la magnitud de la superficie que cubre el impacto ambiental. Puntual: 1 Parcial: 2 Extenso: 4	Define la importancia de la condición del impacto, la cual se evalúa en función de los límites espaciales o de los intereses humanos a ser afectados, calificada como "No importante" hasta "Importante" para los intereses nacionales o internacionales. Es una valoración cualitativa por consenso, independiente de los otros criterios, que puede ser importante a pesar de que su magnitud sea mínima. Sin importancia: 0 Importante solo para la condición local: 1 Importante para áreas inmediatas fuera de las condiciones locales: 2 De importancia regional/interés nacional: 3 Extenso. De importancia nacional/interés internacional: 4
MOMENTO	Determinado en función del lapso de tiempo que toma la aparición del impacto. Su rango de calificación se ha determinado en largo, mediano y corto plazo.	No considerado.

INDICADOR	Estupiñán (2016)	RIAM
PERSISTENCIA	Se califica en función del tiempo que permanece el impacto. Su rango de calificación se ha determinado en fugaz, temporal y permanente.	No considerado.
REVERSIBILIDAD	Calificada por la capacidad natural de recuperación	Medida de control sobre el efecto del impacto y define si éste puede ser cambiado; no debe confundirse con Permanencia. El criterio Reversible aplica si al eliminar la causa desaparece el impacto, mientras que es irreversible cuando el impacto persiste a pesar de que se eliminó la acción generadora. Escala: Sin cambios/No aplica = 1 Reversible = 2 Irreversible = 3
SINERGIA	Contempla el reforzamiento de dos o más efectos simples, pudiéndose generar efectos sucesivos y relacionados que acentúan las consecuencias del impacto analizado. Para este criterio, se podría tener una acción sinérgica, con sinergismo moderado o altamente sinérgico.	No considerado.
ACUMULACIÓN	Calificada por la permanencia e incremento de la intensidad del impacto en el tiempo. Se divide en simple y acumulativa.	Mide si el efecto del impacto es único o si existen efectos acumulativos en el tiempo. Es un medio para juzgar la sostenibilidad

INDICADOR	Estupiñán (2016)	RIAM
		de la condición y no debe confundirse con una situación permanente o irreversible. Escala: Sin cambio o no aplica = 1 No acumulativo/Simple = 2 Acumulativo/Sinergístico = 3
EFECTO	Dado en función del tipo de incidencia del impacto sobre el factor. Existen dos tipos: secundario y directo.	No considerado.
PERIODICIDAD	Determinación en función de la frecuencia de aparición del impacto. Está dividido en discontinuo, periódico y continuo.	No considerado.
RECUPERABILIDAD	Está definida en función de la capacidad de recuperación de la calidad ambiental a través de medios o técnicas externas. Se clasifica en recuperable a corto o mediano plazo, parcialmente irrecuperable e irrecuperable.	No considerado.

Elaborado por el autor

2.3 Hipótesis

En el proceso de preparación de un estudio de impacto ambiental, la predicción de impactos y su valoración se refieren a los efectos de una actividad futura, y se corresponden con la formulación de la hipótesis (fase predictiva). En el intento de predecir y valorar el impacto ambiental se examina el impacto (alcance exploratorio), se especifica los rasgos del impacto y sus tendencias (alcance descriptivo), se asocian las variables del impacto con las medio (alcance correlacional), estableciénose los fenómenos que desencadenaría el impacto y los efectos que tendría (alcance explicativo).

En el procese indicado que se tiene como premisa, el valor del impacto está en función de su magnitud y de su importancia. A su vez la magnitud del impacto depende de la fragilidad del componente ambiental afectado.

La hipótesis planteada por la investigación se enfoca en el uso de un método de identificación y de evaluación de impactos ambientales, que represente una estrategia que posibilite caracterizar y predecir con mayor certeza los impactos potenciales que se generarían en el proceso del dragado.

2.4 Universo

El universo de análisis es el proceso de identificación, pronóstico y evaluación de un estudio de impacto ambiental.

2.5 CDIU – Operacionalización de variables

La evaluación de la importancia de las alteraciones previstas en el medio ambiente requiere de un razonamiento sistemático, generado a través de varios criterios que permitan determinar: la naturaleza del impacto, su gravedad y la posibilidad de corrección. Estos criterios deben permitir finalmente aplicar un criterio global de valoración.

De forma sintetizada se presenta la operacionalización de variables en el siguiente cuadro:

Cuadro 2. Definición de las variables.

CATEGORÍAS	DIMENSIÓN	INSTRUMENTOS	UNIDAD
Detección de impactos potenciales	Impactos previstos	Índice de Similitud	Adimensional
Características imp	Tipos de impactos	Indicadores ambientales	Ordinal
Valoración de los impactos	Valor de los impactos.	Métodos de valoración de impactos.	Unidad

Fuente: Autor

Para la evaluación de impactos, se utilizó (Estupiñan, 2016) los siguientes indicadores expresados en una fórmula, que sería una derivación simplificada de (Conesa, 2000), usado también en el dragado de la Marina de Periquillo, (Cuba, 2015).

$$IMP = +/-\ C = (3I + 2EX + MO + PS + PR + AC + EF + RV + RC)$$

Donde:

IMP = Valor del impacto

C = Criterio de impacto (+ o -)

I = Intensidad

EX = Extensión

MO = Momento

PS = Persistencia

PR = Periodicidad

AC = Acumulación

EF = Efecto

RV = Reversibilidad

RC = Recuperabilidad

De acuerdo con la Tabla 11-11 del estudio original, la fórmula tiene como fuente a (Astorga, 2003), la misma que modifica a la de (Espinoza, 2001).

(Astorga, 2003) presenta, a modo de ejemplo, el sistema estandarizado (cualitativo) de valoración de la importancia de impacto ambiental utilizado en Costa Rica para los estudios ambientales:

$$I = +/-[3\ Int + 2\ E + M + P + R]$$

Donde:

I = Importancia

Int = Intensidad

E = Extensión

M = Momento

P = Persistencia

R = Reversibilidad

Espinoza (2001)

$$Impacto\ total = C \times (P + I + O + E + D + R)$$

Donde:

C = Carácter

P = Perturbación

I = Importancia

O = Ocurrencia

E = Extensión

D = Duración

R = Reversibilidad

La Tabla 4 compara los indicadores utilizados por (Estupiñan, 2016), con los propuestos por (Espinoza, 2001) y (Astorga, 2003), que son citados como pie de tabla.

En el Cuadro 1 y en la Tabla 5 se comparan las definiciones de los indicadores usados en los dos (2) métodos, sus atributos cualitativos y su ponderación o medición cualitativa mediante una escala de puntuación con el fin de obtener unidades comparables. Los impactos identificados con los dos (2) métodos se presentan en el Cuadro 3.

2.6 Gestión de datos

Los datos recolectados para este estudio corresponden a las acciones del proyecto, los componentes ambientales y los impactos identificados en el estudio analizado. Las acciones del proyecto y los componentes ambientales fueron organizados con el fin de producir tablas de relaciones, que crearon unidades de trabajo que correspondieron a los impactos ambientales. Estas unidades fueron categorizadas y evaluadas para luego ser comparadas con los resultados obtenidos en el estudio original. Las variables consideradas más importantes fueron revisadas en la literatura internacional.

2.7 Criterios éticos de la investigación.

La investigación científica es considerada una actividad humana orientada hacia la obtención de nuevos conocimientos y su aplicación para la solución de problemas o interrogantes de carácter científico, es una búsqueda, reflexiva, sistemática y metódica que se desarrolla mediante un proceso. Se basa para su desempeño en el método científico, y es éste quien le indica el camino que se ha de transitar en esa indagación y las técnicas precisas de la manera de recorrerlo (Lipman, 1988, Adup Hernandez, 2006).

Entre las violaciones más destacadas a la ética que debe regir todo trabajo científico, encontramos, entre otras conductas inapropiadas, tres (3) tipos de plagio:

- Copiar literalmente un trabajo de investigación de otros colegas y presentarlo como propio.
- Utilizar trozos de textos o citas de otros autores sin citarlo.
- Usar la propiedad intelectual de un autor, sin su permiso expreso.

En razón de establecer los principios válidos del comportamiento ético que debe regir nuestro trabajo , tomando en consideración la naturaleza y alcance de la formulación del mismo hemos considerado importante acoger lo aplicado por la Universidad de Antioquia (Colombia), en su Código de Ética en Investigación, en los siguientes numerales:

Numeral 3ro: Considerar el marco ético-jurídico-institucional, local, nacional e internacional-para la toma de decisiones en la investigación, incluyendo acuerdos, convenios y términos de referencia.

Numeral 4to: Respetar la propiedad intelectual con el debido reconocimiento según las contribuciones de los actores que llevan a cabo la investigación; verbigracia, co-investigadores, estudiantes, técnicos y personal auxiliar.

Numeral 5to: Referencias correctamente el trabajo de otras personas, entidades u organizaciones. El investigador se compromete a no plagiar, copiar o usurpar otras investigaciones y publicaciones.

Numeral 8avo: Cumplir con cabalidad su papel en la investigación sin abrogarse logros que no se corresponden con las responsabilidades asumidas que no se corresponden con las responsabilidades asumidas, ni incurrir en prácticas de suplantación o encubrimiento con el fin de obtener un beneficio para si o para un tercero.

La Universidad de Guayaquil formula, en su propio Código de Etica, Capítulo II DE LOS PRINCIPIOS Y VALORES ETICOS, en su literal d) Honestidad académica, lo siguiente: consiste en respetar los derechos de todo creador de una idea original, mediante el reconocimiento de la autoría, fuentes de información consultadas o utilizadas. Es decir, la honestidad académica implica actuar y expresarse con coherencia y sinceridad, en apego a los valores de verdad y justicia.

Este documento preparado por el suscrito guarda relación expresa con el cumplimiento de todos los principios de la ética de la investigación antes mencionados.

CAPÍTULO III

3 Resultados

3.1 Antecedentes de la unidad de análisis

3.1.1 Características de la unidad de análisis

La unidad de análisis es un Estudio de Impacto Ambiental que haya cumplido con el proceso de regularización a través de la AAC. Para este caso se seleccionó el proyecto de dragado de los sedimentos de los alrededores del islote El Palmar, en el río Guayas. Este analiza los posibles impactos ambientales de una solución de alto interés para la ciudad de Guayaquil, y con alto riego de contener impactos ambientales de alto riesgo. Este estudio de la Prefectura del Guayas ha cumplido con el proceso de regularización con la autoridad ambiental, y cuenta con la aprobación de la misma. (Universo, Dragado ya tiene licencia, 2017)

De acuerdo con el catálogo de actividades elaborado por el MAE, el proyecto corresponde a la categoría "Construcción y/u operación de obras para dragado de fuentes fluviales y/o de mar". Este tipo de proyectos requiere obtener una Licencia Ambiental para su ejecución, la misma que se obtiene previa la presentación de un Estudio de Impacto Ambiental.

El Estudio de Impacto Ambiental de la segunda fase del dragado y disposición final de los sedimentos de los alrededores del islote El Palmar fue presentado al Ministerio del Ambiente por el proponente, Gobierno Provincial del Guayas, con el código MAE-RA-2016-264377. El proyecto ha cumplido con el proceso de regularización ambiental de acuerdo con lo indicado en la legislación ambiental nacional vigente. En agosto de 2016 se inició el proceso en el Sistema Único de Información Ambiental (SUIA) del Ministerio del Ambiente, ante lo cual se obtuvo el Certificado de Intersección (CI) que confirma que el área del proyecto no intersecta con el Sistema Nacional de Áreas Protegidas (SNAP), Patrimonio Forestal del Estado (PFE), Bosques y Vegetación Protectora (BVP). El mes de septiembre se ingresó el Estudio de Impacto Ambiental (EIA) a la plataforma del SUIA , mientras que en octubre del mismo año se hizo público el informe en la plataforma digital del Gobierno Provincial del Guayas como parte del proceso de difusión y participación social. El 12 de octubre se hizo la presentación pública en el Centro de Convenciones del cantón Durán, cuyo resumen fue presentado al MAE el mismo mes.

3.1.2 Características del proyecto

En el diseño del proyecto, el Gobierno Provincial del Guayas ha requerido una draga de succión tipo cortador (OSPAR Commission 2008), la misma que consiste en un pontón (600 HP) estacionario que alojará bombas centrifugas (que succionan la mezcla de agua y sedimentos), y un cabezal cortador giratorio sumergible (*cutter*) de 6.600 HP de potencia y 750 mm de descarga. La operación sobre un área de 223 hectáreas consiste en cortar el fondo con el cabezal cortador, y bombear la mezcla de agua y tierra mediante equipos de succión y descarga hasta un sitio final de relleno. La draga producirá 650 m^3/hora de sólidos que llegarán a los cuarteles de las áreas de depósito junto con 5.600 m^3 de agua, a través de tuberías flotantes, sumergidas y sobre tierra hasta dos(2) sitios de depósito superficiales: Fincas Delia (12,25 km de tubería) y la ciudadela El Dorado (13 km de tubería) , ambas que se encuentran entre los kilómetros 6,5 y 7,5 de la vía Durán – Tambo, en el cantón Durán. En los cuarteles de depósito se depositarán los sedimentos más pesados, mientras que los más livianos drenarán junto con el agua hacia canales de drenaje naturales hasta el río Guayas.

La instalación de los cuarteles de depósito requerirán del uso de material pétreo desde canteras, y la construcción de canales de drenaje demandarán la excavación de tierra y formación de botaderos. Los cuarteles de depósito tendrán una capacidad de 4,1 millones de metros cúbicos de sedimentos.

El GPG ha dividido la operación del dragado en tres (3) etapas consecutivas:

- Movilización y operación de la draga: desde la movilización de la draga desde el país de origen hasta aguas nacionales, hasta la instalación de la draga y de las tuberías (25,5 km) en el área del proyecto (esta última actividad se realizaría en 87 horas). Simultáneamente se realizarían las siguientes obras complementarias: la construcción de muros de contención para formar los cuarteles de relleno (4,1 millones de m3 en 136 ha), la excavación de canales auxiliares de drenaje (21.760 m3) y el mantenimiento (excavación) de los canales de drenaje naturales por los cuales drenará el agua hasta el río Guayas (21.052 m3).
- Relleno hidráulico: comprende el relleno con 4,1 millones de metros cúbicos de material removido durante el dragado.
- Desmovilización de la draga: incluye la desinstalación de las tuberías

Esta obra se ejecutaría en 1.020 días calendario a partir de la subscripción del contrato y entrega del anticipo por parte del GPG.

3.1.3 Detección de impactos

De un total de 33 impactos (excluyendo los riesgos que corresponden al ámbito de la seguridad industrial), el GPG y esta tesis comparten dos(2) impactos comunes. El GPG detecta 15 impactos que esta tesis no incluye por considerarlos generales e imprecisos (v.g. deterioro de la calidad del aire, obstrucción de canales de drenaje). Esta tesis identifica, complementariamente, 16 impactos adicionales.

El número de impactos (agrupados de acuerdo con las categorías del método RIAM,) se presentan en el cuadro 3.

Cuadro 3. Comparación de impactos detectados.

Categoría ambiental	Comunes	GPG	Esta tesis	Total
Biológica-ecológica	0	3	5	8
Económico-operacional	0	0	4	4
Físico - químico	2	11	4	17
Social-cultural	0	1	3	4
Total	2	15	16	33

3.1.4 Similitud entre los impactos identificados

La similitud entre los impactos detectados por el EsIA del GPG y esta tesis es de 0 (cero) para las categorías biológica - ecológica, económico - operacional y social - cultural. En la categoría físico - químico hay una similitud de 0,15 (equivalente al 15 %).

El Cuadro 4 presenta la comparación entre los impactos detectados mediante la matriz de contingencia elaborada en el estudio del GPG , y los de la matriz de contingencia elaborada para este estudio.

3.1.5 Jerarquía de impactos

La Tabla 7 presenta la categorización de los impactos detectados para el proyecto de dragado. Los impactos más importantes encontrados en este estudio son los impactos 4, 5 y 7 que corresponden al "Incremento de la turbidez del agua", "Suspensión y distribución de sedimentos contaminados", y "Destrucción del hábitat y de la fauna", respectivamente. Los tres(3) impactos se producirían por la remoción de los sedimentos durante la operación de la draga. Estos tres(3) impactos no fueron detectados y evaluados por el estudio elaborado por el GPG.

La omisión de los impactos más importantes detectados en este estudio, en el EsIA elaborado por el GPG, conlleva a que el Plan de Manejo no incluya las medidas obligatorias para minimizar los posibles efectos secundarios que estos tendrían. Sobre todo, el riesgo de afectar los cultivos de camarón que se encuentran aguas abajo del sitio de dragado.

Cuadro 4. Comparación cualitativa de impactos identificados con matrices de contingencia.

IMPACTOS	MATRIZ DE CONTINGENCIA GPG	MATRIZ DE CONTINGENCIA2
No analizados	Dispersión de sólidos en suspensión debido al dragado	
No identificado y no evaluado	Re suspensión y transporte de sedimentos con contaminantes (metales pesados e hidrocarburos)	
	Riesgos de afectación a cultivos acuícolas	
Negativos identificados	Riesgos de impactos por incumplimientos de la ley o accidentes de seguridad industrial.	No considerados
Negativos identificados y evaluados	No identificado, ni evaluado	Re suspensión y transporte de sedimentos con contaminantes Cobertura y/o remoción de los organismos vivos presentes en las zonas de dragado y de descarga del material dragado
		Riesgos de afectación a cultivos acuícolas
Negativos identificados y no evaluados	Sobre el suelo: Alteración de la calidad del suelo por tránsito de maquinaria, instalaciones y acopio de materiales. Alteración de la calidad del suelo por derrame de combustible. Alteración de la calidad del suelo por tránsito de	Riesgos de accidentes por derrames de combustible y en las zonas de depósito de sedimentos.

IMPACTOS	MATRIZ DE CONTINGENCIA GPG	MATRIZ DE CONTINGENCIA2
	maquinaria, instalaciones y acopio de materiales. Alteración de la calidad del suelo por tránsito de maquinaria, instalaciones y acopio de materiales. Alteración de la calidad del suelo por derrame de combustible. Cambio en la composición del suelo por depósito de sedimentos en los cuarteles. Agua Incremento de sólidos en suspensión Cambio en las características físico - químicas del agua por derrames durante el abastecimiento de combustible. Cambios en la diversidad y abundancia de la biota marina Resuspensión de sustancias contaminantes por derrames durante el abastecimiento de combustible. Resuspensión de sustancias contaminantes Agua de escorrentía	

IMPACTOS	MATRIZ DE CONTINGENCIA GPG	MATRIZ DE CONTINGENCIA2
	Obstrucción de canales de drenaje Contaminación por infiltración al suelo de lodos. Aire: Deterioro de la calidad del aire Alteración de la calidad del aire por material particulado y emisiones gaseosas de equipos y maquinaria	
	Alteración de la calidad del aire por generación de emisiones. Alteración de la calidad del aire por generación de material particulado debido al transporte de la draga a altas velocidades. Alteración de la calidad del aire por generación de material particulado durante el transporte del material de préstamo. Alteración de la calidad del aire por generación de material particulado desde los accesos o vías de comunicación. Alteración de la calidad del aire por gases debido a la quema de residuos sólidos y líquidos	

IMPACTOS	MATRIZ DE CONTINGENCIA GPG	MATRIZ DE CONTINGENCIA2
	combustibles. Alteración de la calidad del aire por generación de material particulado desde los accesos o vías de comunicación. Alteración de la calidad del aire por gases debido a la quema de residuos sólidos y líquidos combustibles. Ruido y vibraciones: Desplazamiento de aves por generación de ruidos y vibraciones Peces y macrobentos Afectación por derrame de combustible Afectación por descarga de fango o lodos en cuerpos de agua. Peces: Desplazamiento de peces por disposición inadecuada de desechos comunes, reciclables, peligrosos o especiales. Hábitats Cambios en la composición y estructura por disposición inadecuada de desechos comunes,	

IMPACTOS	MATRIZ DE CONTINGENCIA GPG	MATRIZ DE CONTINGENCIA2
	reciclables, peligrosos o especiales. Flora Cambios en la composición y estructura por disposición inadecuada de desechos comunes, reciclables, peligrosos o especiales. Fauna terrestre Cambios en la composición y estructura por disposición inadecuada de desechos comunes, reciclables, peligrosos o especiales. Especies planctónicas Cambios en la composición y estructura por disposición inadecuada de desechos comunes, reciclables, peligrosos o especiales. Comunidad Alteración de la calidad de vida del área de influencia	

Elaborado por el autor

Tabla 5. Lista comparativa de impactos identificados

Componente	GPG	Este estudio
Suelo	Alteración de la calidad del suelo por tránsito de maquinaria, instalaciones y acopio de materiales.	
Suelo	Alteración de la calidad del suelo por derrame de combustible.	
Suelo	Cambio en la composición del suelo por depósito de sedimentos en los cuarteles.	
Agua	Incremento de sólidos en suspensión por abastecimiento de combustible	No aplicable
Agua	Incremento de sólidos en suspensión	Incremento de sólidos en suspensión debido al dragado
Agua de escorrentía	Cambio en las características físico - químicas del agua por derrames durante el abastecimiento de combustible.	
Agua de escorrentía	Cambios en la diversidad y abundancia de la biota marina	
	Resuspensión de sustancias contaminantes por derrames durante el abastecimiento de combustible.	No aplicable
	Resuspensión de sustancias contaminantes	Resuspensión y transporte de sustancias contaminantes debido al dragado
Agua de escorrentía	Obstrucción de canales de drenaje	
Aire	Deterioro de la calidad del aire	
Agua subterránea	Contaminación por infiltración al suelo de lodos.	
Aire	Alteración de la calidad del aire por material particulado y emisiones gaseosas de equipos y maquinaria	
Aire	Alteración de la calidad del aire por generación de emisiones.	

Componente	GPG	Este estudio
Aire	Alteración de la calidad del aire por generación de material particulado debido al transporte de la draga a altas velocidades.	
Aire	Alteración de la calidad del aire por generación de material particulado durante el transporte del material de préstamo.	
Aire	Alteración de la calidad del aire por generación de material particulado desde los accesos o vías de comunicación.	
Aire	Alteración de la calidad del aire por gases debido a la quema de residuos sólidos y líquidos combustibles.	
Ruido y vibraciones	Desplazamiento de aves por generación de ruidos y vibraciones	
Peces y macrobentos	Afectación por derrame de combustible	
Peces y macrobentos	Afectación por descarga de fango o lodos en cuerpos de agua.	
Peces	Desplazamiento de peces por disposición inadecuada de desechos comunes, reciclables, peligrosos o especiales.	
Hábitats	Cambios en la composición y estructura por disposición inadecuada de desechos comunes, reciclables, peligrosos o especiales.	
Flora	Cambios en la composición y estructura por disposición inadecuada de desechos comunes, reciclables, peligrosos o especiales.	
Fauna terrestre	Cambios en la composición y estructura por disposición inadecuada de desechos comunes, reciclables, peligrosos o especiales.	

Componente	GPG	Este estudio
Especies planctónicas	Cambios en la composición y estructura por disposición inadecuada de desechos comunes, reciclables, peligrosos o especiales.	
Comunidad	Alteración de la calidad de vida del área de influencia	
Económico	No analizado	Riesgos de afectación a la actividad acuícola.

Fuente: Estupiñan 2016
Elaborado por el autor.

Tabla 6. Impactos identificados en este estudio

IMP	COMPONENTE AMBIENTAL	ASPECTO AMBIENTAL	IMPACTO IDENTIFICADO
1	Fauna acuática	Peces	Alejamiento de peces
2	Fauna acuática	Peces e invertebrados	Interferencia con procesos migratorios de peces e invertebrados
3	Fauna acuática	Peces	Interferencia con procesos respiratorios de los peces
4	Calidad del agua	Turbidez	Incremento de la turbidez en el agua
5	Calidad del agua	Sedimentos con hidrocarburos totales y metales pesados	Suspensión y distribución de sedimentos contaminados
6	Fauna bentónica	Invertebrados	Cobertura y/o remoción de los organismos vivos presentes en las zonas de dragado y de descarga del material dragado
7	Hábitats acuáticos	Fondo del río	Destrucción del hábitat y de la fauna por efecto de la remoción de los suelos

8	Calidad del agua	Nutrientes	Incremento de nutrientes
9	Calidad del agua	Oxígeno disuelto	Mayor demanda de Oxígeno disuelto
10	Hidrología	Patrones de circulación	Cambios en los patrones de circulación del agua
11	Seguridad vial y laboral	Tránsito vehicular	Incremento en el riesgo de accidentes viales
12	Uso del suelo	Rellenos hidráulicos y botadero	Cambios en el uso del suelo
13	Seguridad vial y laboral	Tránsito vehicular	Incremento en el tránsito de volquetes
14	Uso del suelo	Cultivos de camarón	Riesgos de afectación a cultivos acuícolas
15	Actividades económicas	Pesca artesanal	Interferencia con la pesca artesanal
16	Población de las áreas de relleno	Socioeconómico	Perdidas económicas por daños en las viviendas de las áreas pobladas que se rellenarán

Elaborado por el autor.

Los potenciales impactos negativos que se caracterizan y evalúan en la Tabla 7, son aquellos que durante la implementación del proyecto modificarían componentes ambientales de alta sensibilidad al cambio.

Tabla 7. Evaluación de impactos utilizando RIAM

Nro.	A1	B1	A2	B2	B3	GRUPO A	GRUPO B	TOTAL	CAT	CALIFICACIÓN
1	1	-1	2	2	2	-1	6	-6	-A	Ligeramente negativo
2	1	-1	2	2	2	-1	6	-6	-A	Ligeramente negativo
3	1	-1	2	2	2	-1	6	-6	-A	Ligeramente negativo
4	2	-2	2	2	2	-4	6	-24	-C	Impactos negativos moderados
5	2	-2	2	2	2	-4	6	-24	-C	Impactos negativos moderados
6	1	-1	2	2	2	-1	6	-6	-A	Ligeramente negativo
7	1	-3	3	2	2	-3	7	-21	-C	Impactos negativos moderados
8	2	-1	2	2	2	-2	6	-12	-B	Impacto negativo
9	1	-1	2	2	2	-1	6	-6	-A	Ligeramente negativo
10	1	1	3	2	2	1	7	7	-A	Ligeramente negativo
11	2	-1	2	2	2	-2	6	-12	-B	Impacto negativo
12	1	1	3	2	2	1	7	7	-A	Ligeramente negativo
13	2	-1	2	2	2	-2	6	-12	-B	Impacto negativo
14	3	-2	2	2	3	-6	7	-42	-D	Negativo significativo
15	1	-1	2	2	2	-1	6	-6	-A	Ligeramente negativo
16	1	-2	1	2	2	-2	5	-10	-B	Ligeramente negativo

El GPG identifica 126 impactos Compatibles, 54 Moderados y 2 Severos, mientras que en presente estudio se identificaron 8 impactos Ligeramente Negativos, 3 impactos Negativos, 3 impactos Negativos Moderados y 1 Negativo Significativo (Tabla 8). Debido a que la calificación que se le da a los impactos no es necesariamente equivalente, se analizan los impactos negativos más importantes.

Tabla 8. Comparación cuantitativa de impactos evaluados por los dos (2) métodos.

IMPACTOS	GPG	ESTA TESIS
Re suspensión y transporte de sedimentos con contaminantes	No evaluado.	Identifica al riesgo de afectación a cultivos acuícolas como Negativo significativo (-D), debido a la resuspensión de sedimentos contaminados con hidrocarburos totales y metales pesados (-C) ,que podría originar varios impactos de mayor efecto dependiendo de la vulnerabilidad de cada uno. El riesgo de este impacto no ha sido calificado, ni cuantificado en el EIA revisado.
Impactos negativos	126 Impactos compatibles (Cuadro 2)	8 Ligeramente negativo (-A) 3 Impactos negativos (-B) 3 Impactos negativo Moderado (-C) 1 Negativo Significativo (-D)

Elaborado por el autor.

El informe del EIA elaborado por el GPG no presenta la valoración individual de los impactos, pero de acuerdo con la Tabla 11-3 del mismo estudio los impactos severos se producirían durante la instalación de la tubería sumergida en Fincas Delia, la colocación de la tubería sumergida en la ciudadela El Dorado, y durante el dragado de sedimentos alrededor del islote El Palmar.

La Tabla 9 presenta las opiniones de tres(3) expertos consultados sobre varios aspectos del proyecto, como parte de un proceso de validación de los impactos detectados durante este estudio. Mientras que en la Tabla 10 se señalan las opiniones de los expertos acerca de los impactos más importantes detectados.

Tabla 9. Lista de Consenso

Pregunta	Experto en Calidad del agua	Experto en Biología pesquera	Experto en dragas
¿Conoce usted antecedentes de impactos ambientales por contaminación del agua debido a actividades de dragado en el estuario del río Guayas?	No tengo información de esto.	No	
¿Cuáles considera Ud. que serían los principales impactos debido al dragado de sedimentos alrededor del islote El Palmar?	El dragado es un proceso inducido de erosión, transporte y deposición de los sedimentos. Este proceso tiene el potencial para producir directa o indirectamente impactos negativos y positivos en el ambiente de las áreas dragadas. Tales impactos generan cambios en las características físicas, químicas y biológicas de los ecosistemas.		El principal impacto del dragado consistiría en que los sedimentos se sigan acumulando sobre el islote generando incremento en la barrera de la escorrentía en vez de evacuarse. Esto dará origen a la sedimentación inducida de los estribos laterales del islote El Palmar.
¿Cuáles considera Ud. que serían las principales acciones durante el dragado que producirían efectos negativos en la pesca en el estuario del río Guayas?	Es importantes la identificación, descripción y análisis de los posibles impactos negativos producidos durante y después del dragado, sobre la calidad del agua y la vida acuática (flora y fauna), así como los posibles impactos negativos generados por la resuspensión de sedimentos contaminados, y los cambios físicos	La actividad del dragado al extraer sedimentos, re suspenderá temporalmente los sedimentos, lo que afectaría temporalmente la concentración de sedimentos en la columna de agua y del Oxígeno Disuelto, en el lugar en que	

Pregunta	Experto en Calidad del agua	Experto en Biología pesquera	Experto en dragas
	del fondo acuático, con referencia al canal de salida del río Daule. Cambios físicos sobre la calidad del agua: durante y después del dragado los sedimentos del fondo son mecánicamente removidos y suspendidos en la columna de agua. Los sedimentos más pesados como gravas y arenas rápidamente se sedimentan pero los sedimentos finos como arcillas y limos permanecen en suspensión. Esos sedimentos finos son transportados por las corrientes y el oleaje produciendo una nube de sedimentos que pueden alcanzar hasta 5 kilómetros cuadrados, generando turbidez y por ende reducción de la penetración de la luz necesaria para los procesos de fotosíntesis y cambios en el calor de radiación. Cambios químicos sobre la calidad del agua: los cambios de las características químicas del agua generados por el dragado y la descarga del material son difíciles de estimar, monitorear y controlar debido a la naturaleza de los procesos y parámetros involucrados.	se realice el dragado, lo que podría afectar a la distribución de los recursos de interés pesquero (peces y crustáceos extraídos por pescadores artesanales) en los alrededores del sitio en que se desarrolle la actividad del dragado; esto dependerá del momento en que se lo realice ya sea en pleamar o bajamar, estación seca o lluviosa, así como del tipo de equipo a ser utilizado para el dragado. Al no haber evaluaciones poblacionales en el tramo inicial del rio Guayas y existiendo una actividad de pesca limitada a pocos pescadores artesanales, resulta difícil precisar el impacto en la pesca irregular que se desarrolla en el tramo interno del Guayas, entre la puntilla y la isla Santay, área fuertemente influenciada por las mareas diarias y por	

Pregunta	Experto en Calidad del agua	Experto en Biología pesquera	Experto en dragas
	Algunos de los parámetros que reflejan los cambios químicos sobre la calidad del agua, producto del dragado: la demanda de oxígeno, el aumento de nutrientes, presencia de trazas de metales pesados y pesticidas en la columna de agua y la modificación de los niveles de salinidad.	supuesto por los caudales de los ríos Daule y Babahoyo.	
¿Cuáles considera Ud. que serían los principales parámetros de calidad del agua que serían afectados?	Oxígeno disuelto Turbidez, es el cambio físico más importante generado sobre la calidad del agua Temperatura Otros: pH Demanda bioquímica de Oxígeno aumento de nutrientes trazas de metales pesados y pesticidas en la columna de agua Modificación de los niveles de salinidad. Caracterización biológica de los sedimentos.		El dragado en el sistema de tolva absorbe y proyecta a un botadero o reservorio los limos o arenas siendo bajo su incidencia de contaminación de las aguas. Si se lo hace como lo han realizado en el islote El Palmar más bien allí es una afectación y contaminación ambiental grave ya que se consolida sobre capas los materiales que debieron haber sido desalojados del cauce. La turbulencia del tolvado produce alteraciones de las partículas dando mayor espesor de sólidos y contaminantes orgánico inherentes que están represados por los años de su acumulación en los puntos de confluencia
¿Cuáles considera Ud. que serían las principales acciones durante el dragado que producirían efectos negativos en la pesca en el estuario del río Guayas?		La actividad del dragado al extraer sedimentos, re suspenderá temporalmente los sedimentos, lo que afectaría temporalmente la	El dragado en el sistema de tolva absorbe y proyecta a un botadero o reservorio los limos o arenas siendo bajo su incidencia de contaminación de las aguas. Si se lo hace como lo han realizado en el islote El

Pregunta	Experto en Calidad del agua	Experto en Biología pesquera	Experto en dragas
		concentración de sedimentos en la columna de agua y del Oxígeno Disuelto, en el lugar en que se realice el dragado, lo que podría afectar a la distribución de los recursos de interés pesquero (peces y crustáceos extraídos por pescadores artesanales) en los alrededores del sitio en que se desarrolle la actividad del dragado; esto dependerá del momento en que se lo realice ya sea en pleamar o bajamar, estación seca o lluviosa, así como del tipo de equipo a ser utilizado para el dragado. Al no haber evaluaciones poblacionales en el tramo inicial del rio Guayas y existiendo una actividad de pesca limitada a pocos pescadores artesanales, resulta difícil precisar el impacto en la pesca irregular que se desarrolla en el tramo interno del	Palmar más bien allí es una afectación y contaminación ambiental grave ya que se consolida sobre capas los materiales que debieron haber sido desalojados del cauce. La turbulencia del dragado produce alteraciones de las partículas dando mayor espesor de sólidos y contaminantes orgánico inherentes, que están represados por los años de su acumulación en los puntos de confluencia

Pregunta	Experto en Calidad del agua	Experto en Biología pesquera	Experto en dragas
		Guayas, entre la puntilla y la isla Santay, área fuertemente influenciada por las mareas diarias y por supuesto por los caudales de los ríos Daule y Babahoyo.	
¿Cuáles considera Ud. que serían las principales acciones durante el dragado que producirían efectos negativos en la acuicultura en el estuario del río Guayas?		Debido a la dinámica del río Guayas, fuertemente influenciada por las mareas y los caudales de los ríos aportantes, la re suspensión temporal de los sedimentos ocasionada por el dragado se atenuará según el momento en que se realice el dragado y esta atenuación será mayor mientras mayor sea la distancia desde el sitio del dragado hasta los lugares en que se encuentren las actividades de maricultura más cercanas. La re suspensión de los sedimentos podría ocasionar la re suspensión de bacterias potencialmente patógenas y de los metales	

Pregunta	Experto en Calidad del agua	Experto en Biología pesquera	Experto en dragas
		pesados, y estos (baterías y metales pesados) podrían llegar hasta los puntos de captación de agua por parte de los acuicultores que realizan actividades en la parte interna del estuario del rìo Guayas.	
¿Qué medidas de control y seguimiento recomienda Ud. que se realicen durante el dragado?	El agua es el mayor vehículo de transporte de contaminantes y el medio en el cual esos contaminantes pueden desarrollar reacciones químicas y físicas. Usualmente, los sedimentos localizados en canales de navegación ubicados en las cercanías de grandes ciudades con complejos industriales, altos volúmenes de tráfico comercial y descarga directa de aguas servidas presentan altos niveles de contaminación. Una de las causas de esta situación es la presencia de partículas de arcillas y limos con cargas negativas, las cuales tienden a absorber los contaminantes. En consecuencia, los procesos de dragado no incorporan nuevos contaminantes al medio acuático simplemente tienen el potencial para poner en suspensión y distribuir los sedimentos contaminados	De control Análisis físico, químico (metales pesados) y microbiológico (bacterias) de los sedimentos a ser extraídos. Análisis previo al inicio de la actividad de dragado y periódicamente durante el dragado. De seguimiento Análisis de la calidad del agua en las tomas de agua de las granjas de acuicultura más cercanas al sitio del dragado. Con enfoque de prevención, dar aviso a las granjas de acuicultura más cercanas para que durante las horas de dragado, no extraigan agua del rio para	Las medidas de control se establecen dentro de lo que se proyectará el término de referencia que puede ser batimetrías para llegar a una profundidad deseada controles de turbulencia y contenidos de partículas de agua para ver su afectación. Y análisis de muestras de suelos para ver la constitución de los materiales dragados

Pregunta	Experto en Calidad del agua	Experto en Biología pesquera	Experto en dragas
	por las fuentes de polución antes citadas (LANDAETA, 1998).	sus piscinas.	
Otras medidas:		Aplicación de un plan de prevención de derrames accidentales de combustible y grasas desde el equipo de dragado y desde las embarcaciones de apoyo a la actividad de dragado, así como un plan de respuesta rápida para controlarlos en caso de que ocurran derrames accidentales. Lo anterior dentro de las medidas de un Plan de Manejo Ambiental	

Elaborado por el autor.

Tabla 10. Tabulación encuestas de expertos

Impactos	Matriz de contingencia GPG	Experto en Calidad del agua	Experto en Biología pesquera	Experto en dragas
Dispersión de sólidos en suspensión debido al dragado		Cambios físicos sobre la calidad del agua: durante y después del dragado los sedimentos del fondo son mecánicamente removidos y suspendidos en la columna de agua. Los sedimentos más pesados como gravas y arenas rápidamente se sedimentan pero los sedimentos finos como arcillas y limos permanecen en suspensión. Esos sedimentos finos son transportados por las corrientes y el oleaje produciendo una nube de sedimentos que pueden alcanzar hasta 5 kilómetros cuadrados, generando turbidez y por ende reducción de la penetración de la luz necesaria para los	La actividad del dragado al extraer sedimentos, re suspenderá temporalmente los sedimentos, lo que afectaría temporalmente la concentración de sedimentos en la columna de agua y del Oxígeno Disuelto, en el lugar en que se realice el dragado, lo que podría afectar a la distribución de los recursos de interés pesquero (peces y crustáceos extraídos por pescadores artesanales) en los alrededores del sitio en que se desarrolle la actividad del dragado; esto dependerá del momento en que se lo realice ya sea en pleamar o bajamar, estación seca o lluviosa, así como del tipo de equipo a ser utilizado para el dragado	La turbulencia del tolvado produce alteraciones de las partículas dando mayor espesor de sólidos y contaminantes orgánico inherentes que están represados por los años de su acumulación en los puntos de confluencia

Impactos	Matriz de contingencia GPG	Experto en Calidad del agua	Experto en Biología pesquera	Experto en dragas
		procesos de fotosíntesis y cambios en el calor de radiación.		
Re suspensión y transporte de sedimentos con contaminantes (metales pesados e hidrocarburos)		Cambios químicos sobre la calidad del agua: los cambios de las características químicas del agua generados por el dragado y la descarga del material son difíciles de estimar, monitorear y controlar debido a la naturaleza de los procesos y parámetros involucrados. Algunos de los parámetros que reflejan los cambios químicos sobre la calidad del agua, producto del dragado: la demanda de oxígeno, el aumento de nutrientes, presencia de trazas de metales pesados y pesticidas en la columna de agua y la modificación de los niveles de salinidad.	Además de bacterias.	
Riesgos de afectación a cultivos acuícolas			La re suspensión de los sedimentos podría ocasionar la re suspensión de	

Impactos	Matriz de contingencia GPG	Experto en Calidad del agua	Experto en Biología pesquera	Experto en dragas
			bacterias potencialmente patógenas y de los metales pesados, y estos (baterías y metales pesados) podrían llegar hasta los puntos de captación de agua por parte de los acuicultores que realizan actividades en la parte interna del estuario del río Guayas.	
Riesgos de impactos por incumplimientos de la ley o accidentes de seguridad industrial.			Riesgos de accidentes laborales.	
Cambios temporales en el Oxígeno disuelto			En el área dragado.	
Negativos identificados y no evaluados	Sobre el suelo: Alteración de la calidad del suelo por tránsito de maquinaria, instalaciones y acopio de materiales. Alteración de la calidad del suelo por derrame de combustible. Alteración de la calidad del suelo por tránsito de maquinaria, instalaciones y acopio de materiales.		Sobre el suelo: Posible contaminación en el lugar que se depositen los sedimentos retirados de los alrededores del islote Sobre el agua: Posibles derrames accidentales de combustible o grasas, desde el equipo de dragado y/o embarcaciones de apoyo operando en el área de dragado.	

Impactos	Matriz de contingencia GPG	Experto en Calidad del agua	Experto en Biología pesquera	Experto en dragas
	Alteración de la calidad del suelo por tránsito de maquinaria, instalaciones y acopio de materiales. Alteración de la calidad del suelo por derrame de combustible. Cambio en la composición del suelo por depósito de sedimentos en los cuarteles.			
	Agua Incremento de sólidos en suspensión Cambio en las características físico - químicas del agua por derrames durante el abastecimiento de combustible. Cambios en la diversidad y abundancia de la biota marina Resuspensión de sustancias contaminantes por derrames durante el abastecimiento de combustible.			

Impactos	Matriz de contingencia GPG	Experto en Calidad del agua	Experto en Biología pesquera	Experto en dragas
	Resuspensión de sustancias contaminantes Agua de escorrentía Obstrucción de canales de drenaje Contaminación por infiltración al suelo de lodos. Aire: Deterioro de la calidad del aire Alteración de la calidad del aire por material particulado y emisiones gaseosas de equipos y maquinaria Alteración de la calidad del aire por generación de emisiones. Alteración de la calidad del aire por generación de material particulado debido al transporte de la draga a altas velocidades. Alteración de la calidad del aire por generación de material			

Impactos	Matriz de contingencia GPG	Experto en Calidad del agua	Experto en Biología pesquera	Experto en dragas
	particulado durante el transporte del material de préstamo. Alteración de la calidad del aire por generación de material particulado desde los accesos o vías de comunicación. Alteración de la calidad del aire por gases debido a la quema de residuos sólidos y líquidos combustibles.			
	Alteración de la calidad del aire por generación de material particulado desde los accesos o vías de comunicación. Alteración de la calidad del aire por gases debido a la quema de residuos sólidos y líquidos combustibles. Ruido y vibraciones: Desplazamiento de aves por generación de ruidos y vibraciones Peces y macrobentos			

Impactos	Matriz de contingencia GPG	Experto en Calidad del agua	Experto en Biología pesquera	Experto en dragas
	Afectación por derrame de combustible Afectación por descarga de fango o lodos en cuerpos de agua. Peces: Desplazamiento de peces por disposición inadecuada de desechos comunes, reciclables, peligrosos o especiales. Hábitats Cambios en la composición y estructura por disposición inadecuada de desechos comunes, reciclables, peligrosos o especiales. Flora Cambios en la composición y estructura por disposición inadecuada de desechos comunes, reciclables, peligrosos o especiales. Fauna terrestre Cambios en la composición y			

Impactos	Matriz de contingencia GPG	Experto en Calidad del agua	Experto en Biología pesquera	Experto en dragas
	estructura por disposición inadecuada de desechos comunes, reciclables, peligrosos o especiales. Especies planctónicas Cambios en la composición y estructura por disposición inadecuada de desechos comunes, reciclables, peligrosos o especiales.			
	Comunidad Alteración de la calidad de vida del área de influencia			

Elaborado por el autor.

En el Capítulo 11 del estudio del GPG no se describen las características de los impactos negativos más importantes, calificados como severos, por lo que no se puede asegurar a ciencia cierta que correspondan a los efectos resultantes de la suspensión y transporte de sedimentos. Peces y fauna están expuestos a la contaminación por sedimentos por una serie de vías, que incluyen la absorción de agua por los poros, ingestión accidental de sedimentos contaminados y consumo de organismos contaminados (Council, 2007). Sin embargo, en el Plan de Manejo (Capítulo 13) del EIA original , no se incluyen medidas para reducir los efectos por la resuspensión y transporte de sedimentos; por lo tanto se considera que no fueron evaluados.

En este estudio, el impacto negativo más importante pronosticado es el de la suspensión y distribución de sedimentos contaminados.

Impacto: suspensión y distribución de sedimentos contaminados.

Durante el proceso de corte la bomba de succión no succiona todos los sedimentos. Una parte de ellos se desvían a los costados de la cabeza de succión, y son arrastrados sin control por la corriente del río o por la de la marea. La composición de los sedimentos en los alrededores del islote El Palmar no son caracterizados en el Capítulo 7 "Diagnóstico Ambiental" ; por lo tanto no se puede calcular el volumen de sedimentos que corresponde a limos y arcillas que, aunque sean absorbidos por el sistema de bombeo, viajarían en el río Guayas debido a la corriente del río durante la bajamar, o de las mareas durante la pleamar. Estas partículas, con cargas negativas, tienen una alta capacidad de absorción de contaminantes (Landeta, Cruz J., 1998).

Los modelos realizados para estudios acerca de dragado de sedimentos en otros estuarios del mundo determinaron que los sedimentos en el agua se incrementarían entre 4 y 20 % , y los más finos viajarían entre 3,2 y 15 km (Bai, Y., Wang, Z. y Shen H., 2003).

Riesgos de afectación a cultivos acuícolas.

A lo largo del río Guayas y su estuario existen alrededor de 150.000 has de piscinas camaroneras que utilizan el agua estuarina para el cultivo de camarones. Esta actividad económica es una de las cuatro que genera el mayor número de divisas para el país. Este impacto fue caracterizado con el método RIAM como de interés nacional, que desmejora (o desmejoraría) la actividad con efectos temporales, reversibles y acumulativo a los otros impactos que ya recibe el sector acuícola debido a la contaminación del agua por las descargas de aguas servidas e industriales de la ciudad de Guayaquil.

La onsulta a expertos, en la especialización calidad de agua(anexo), indica que el dragado es una actividad que genera impactos ambientales en la calidad del agua y sobre la vida acuática.

CAPÍTULO IV

4 Discusión

El presente estudio comparativo presenta contrastes marcados entre las condiciones de presentación de un Estudio de Impacto Ambiental (EIA), bajo los conceptos generales establecidos en la normativa ambiental ecuatoriana, y las condiciones específicas de campo que invalidan o limitan esas regulaciones. La falta de especialización de la norma para asegurar el uso de métodos válidos, o por lo menos, aceptados por la comunidad internacional, genera un sinnúmero de problemas de orden práctico que ya han sido abordados en este documento. Además, desde un punto de vista metodológico, la omisión de técnicas específicas de testeo, la no obligatoriedad y, por ende, discrecionalidad en la (no) aplicación de modelos (Hayter y Mehta 1986) que profundicen la revisión y alcance de los impactos sobre el medio ambiente y el ser humano, implican riesgos que deben ser abordados de una forma más científica para obtener así resultados con la mayor certeza posible.

La consulta a expertos confirma la complejidad de los potenciales impactos ambientales y potenciales consecuencias.

4.1 Aspectos específicos del EsIA del dragado

El presente proceso de auditoría encontró deficiencias en los procesos de análisis, que se concentraron fundamentalmente en los siguientes aspectos:

4.1.1 No se tiene elementos de análisis comparativos sobre la idoneidad técnica sobre cuál sistema de dragado a utilizarse es el más adecuado para el tipo de sedimentos existente según su caracterización, tomando en cuenta que las dragas de succión abierta han resultado ser promisorias en remover efectivamente sedimento fino arenoso sobre superficies sólidas (Weber et al. 2008). Esto tiene estrecha relación con las medidas de control operacional para los sedimentos en resuspensión.

4.1.2 No se encontró que se haya aplicado una la metodología de MNR (*Monitored Natural Recovery* MNR) (EPA, 2005[a]) o similar para la recuperación natural de espacios de hábitat.

4.1.3 El Plan de Manejo Ambiental (PMA) no incluye actividades y/o medidas de remediación en relación a lo definido en el capítulo 13, contempladas bajo parámetros del denominado "dragado ecológico" (USEPA , 2005), siendo uno de los objetivos "*la reducción y/o control de la resuspensión de sedimentos contaminados, transportación río debajo de los sedimentos y el reléase de contaminantes de importancia hacia el agua y aire*".

4.1.4. En cuanto a sedimentos :

4.1.4.1 La resuspensión de sedimentos con contaminantes son considerados el "*cuarto medio contaminado*" (Palermo, Schoeder y Trudy, 2008). Durante la operación del dragado, los sedimentos disueltos y contaminantes coloidales que son soltados a la columna de agua son típicamente transportados río abajo más lejos que los contaminantes adheridos (*sorbed*) a los sedimentos resuspendidos (Palermo, Schoeder y Trudy, 2008). El análisis hidrológico, en el Capítulo 7.1.3 y el de las mareas/corrientes en el Capítulo 7.1.3.2.3 del EIA no registra nexo causal con el arrastre de sedimentos y sus potenciales riesgos y/o consecuencias. El aumento en la energía de las corrientes debería incrementar los factores de resuspensión, considerando que las corrientes fuertes son capaces de dispersar sedimentos *dislocados* en la columna de agua. No existe mención del sistema de testeo para realizar la predicción de liberación de contaminantes disueltos, considerando que el DRET test (DiGiano et al. 1995 adup Palermo) es un método efectivo para obtener esa necesaria información.

4.1.4.2 Se presenta un alto nivel de incertidumbre generado por la inexistencia de información, bajo los métodos de predicción establecidos por Palermo and Ptamont (2007) y

Bridges et al. (2008), asociado con estimar la extensión de la contaminación residual (residuos no generados y residuos generados), presente después de la remoción de sedimentos con el accionar de la draga, que pueden variar en un rango de 1- 100 % (Herrenkohl et al. 2003 adup Palermo).

4.1.4.3 Existe la posibilidad real para una significativa pérdida de contaminantes durante el proceso de resuspensión y, generalmente en menor proporción, a través de la volatización (Palermo, 2008), no considerados tampoco en el estudio que nos atañe.

4.1.4.4 La evaluación de la dispersión de sedimentos resuspendidos y su subsecuente liberación de contaminantes, requerirá información hidrodinámica para determinar el uso de medidas de control como son el uso de un *sheet pile*, geotubos, represas flotantes o cortinas de *silt* (Michael R. Palermo, Paul R. Schoeder, Trudy J., 2008), ausentes en el EIA.

No hay un modelaje específico para ello en el área de intervención (USEPA, 2005).

4.1.4.5 Referente al estudio propio de sedimentos, se exime sin explicación su obligada clasificación en profundos y superficiales (USS *sampler*), y sólo se muestran tres (3) testeos antes de la fase de dragado propiamente dicha, frente a treinta (30) puntos de testeo, usados luego como puntos de monitoreo durante la fase de dragado y al final de la fase de dragado (EPA, 2016) en casos similares.

4.1.4.6 En los estudios de impacto ambiental de dragados de sedimentos se realizan análisis químicos y físicos de muestras de sedimentos considerando los sustancias tóxicas como PCB y PAHs, así como los TOC (carbón orgánico total o *Total Organic Carbon* por sus siglas en inglés). El EIA del dragado objeto de esta auditoría sólo analizó la concentración de hidrocarburos totales de petróleo (HTP) y algunos metales pesados (cadmio, cromo, hierro, níquel, arsénico y mercurio), cuando uno de los objetivos más importantes es minimizar el desprendimiento de sedimentos que contengan partículas de PCBs durante el dragado, y así bloquear o minimizar el transporte de los mismos río abajo (CEDA, 2015).

4.1.4.7 No se ha previsto el uso de un sonar lateral para escanear capas de sedimentos (SSS-*Side scan sonar*), herramienta de análisis indispensable para establecer una estrategia de dragado por capas, y sólo existen tres (3) muestreos sin resultados ligados al proceso del dragado.

4.1.4.8 La posibilidad que contaminantes se liberen en el punto del dragado está directamente relacionada al grado de sedimentos resuspendidos en la superficie de la columna de agua, no ha merecido una investigación rigurosa. Sedimentos resuspendidos en el fondo de del agua tienen un menor potencial de soltar contaminantes que la resuspensión en la superficie de la columna de agua, porque la concentración de contaminantes en la superficie es menor.

4.1.4.9 Debe asumirse que la vasta mayoría de los sedimentos resuspendidos se asentarán cerca del área de dragado en aproximadamente una (1) hora , y sólo una fracción se demorará más tiempo en reubicarse (Wright, 1978; Van Ooostrum and Vroegge, 1994; Grimwood, 1983). Sin embargo, pequeñas partículas y *flocs* con velocidades críticas debajo del ambiente localizado de velocidades de turbulencia inducida son sujetas a transportarse durante horas y quizás días antes de fijarse. Esas partículas resuspendidas poseen un potencial de liberación de contaminantes sobre un área extensa durante su transporte y dispersión. Contaminantes también son desprendidos y sujetos al transporte con constituyentes orgánicos disueltos, orgánicos coloidales y aceite. Toda esta temática está ausente en el EIA.

4.1.4.10 Se desconoce la aplicación de metodologías de resuspensión y residuos generados que sirvan como fuente de insumos para modelos de destino y transporte, que puedan predecir el comportamiento de sólidos, liberación de contaminantes y su concentración.

4.1.4.11Como el factor de resuspensión es definido como la fracción de material fino-granulado en el sedimento que se dispersa en el agua, estos factores de resuspensión van del 0.02 al 3.93 % , dependiendo del equipo utilizado. Hayes estima que el rango medio es 0,5% para draga de corte y de 1% para el dragado mecánico, información técnica que no ha sido evaluada tampoco en el EIA. La resuspensión aumenta con la liquidez del sedimento, que es una propiedad geotérmica y está relacionada con el contenido de agua. No consta en el EIA qué tipos de predicción de resuspensiones por dragado se sugirieron para su implementación práctica, según los métodos existentes de Nakal (TGU) (Collins, 1995 y Hayes et al. 2000).

4.2 Contrastación empírica

El Estudio de Impacto Ambiental (EIA) cumple con los parámetros y preceptos de obligatoriedad y de procedimiento establecidos en la Ley para este tipo de estudios. Esto en ningún caso exime al contenido del documento mencionado de las limitaciones y omisiones que suponen un análisis e interpretación parcial de la situación existente, y sus erróneas conclusiones. Como referente, la parte relacionada al Diagnóstico Ambiental (Capítulo 7), sólo indica que el estudio fue hecho en tres (3) fases, más no indica cuáles fueron éstas.

Se ha logrado determinar que el no uso de métodos probados con la suficiente experiencia y reducido margen de error, como el utilizado *ad hoc* para el estudio de impacto ambiental analizado, distorsiona y limita la identificación y evaluación de impactos ambientales claves.

Los impactos ambientales no han sido categorizados apropiadamente por errores tanto metodológicos como interpretativos según su rango y prioridad de los mismos. La ejecución del proyecto podría generar, más allá de los nuevos riesgos ambientales identificados, sanciones de índoles legal como las establecidas en la legislación penal ecuatoriana, específicamente aquella tipificada en el Art. 255 del Código Orgánico Integral Penal (COIP).

La parte metodológica carece de un análisis real en la identificación y desarrollo de contenido de los impactos más graves e importantes que se generan en las actividades de dragado, especialmente el que gira sobre la calidad de las aguas.

Entre éstas, en el indicador de calidad de agua, no se pudo encontrar ni la identificación ni la evaluación de elementos que son de uso extendido y obligatoria caracterización en algunos países.

4.3 Limitaciones

En la revisión del EIA se ha encontrado, fundamentalmente, dos (2) limitaciones que inciden en el desarrollo y su alcance:

La primera está relacionada con la falta de regulaciones ambientales específicas para este tipo de estudios, tal como lo señala el mismo documento en su Capítulo 5. Esto ha generado que se aplique subsidiariamente la norma relacionada al Acuerdo Ministerial 097-A del 30 de julio de 2015, de carácter eminentemente general para los recursos agua, aire y suelo. Al no existir una reglamentación específica para intervenciones de la magnitud de un dragado hidráulico a gran escala, se produce una distorsión entre la información disponible y la deseada y/o requerida.

En segundo lugar, se desconoce el marco teórico exacto de la metodología aplicada en el EIA, hecho que dificulta entender el alcance de las proyecciones teóricas de la misma.

4.4 Líneas de investigación

La tesis está orientada a proponer el uso de una pre evaluación de los proyectos, obras o actividades para ajustar el alcance del diagnóstico, posibles impactos y el uso de métodos de simulación que permitan pronosticar posibles impactos ambientales significativos con alta precisión. Además, la implementación de métodos apropiados para cada tipo de actividad y región considerando sus particularidades intrínsecas y tipo de tecnología necesaria.

4.5 Aspectos relevantes

Este estudio identifica dos (2) impactos importantes que no han sido suficientemente desarrollados con el método utilizado en el EIA elaborado por el GPG: primero, la contaminación de la calidad del agua por suspensión de contaminantes (metales pesados e hidrocarburos) y; segundo, el riesgo e implicación que eso conlleva en la afectación a las granjas camaroneras circundantes al área de influencia del proyecto.

CAPÍTULO V

5 Propuesta

5.1 Propuesta a la norma

La propuesta se enfoca en incorporar en el Libro VI del Texto Unificado de Legislación Secundaria, una reforma que regule el procedimiento relacionado a la selección y evaluación de métodos requeridos para la identificación y evaluación de impactos ambientales por parte de la Autoridad Ambiental Competente (AAC), en concordancia con el articulado del párrafo anterior. Presentamos a continuación el contenido de la propuesta de orden legal, sustentada en los resultados del análisis del presente caso.

Art. Xxx. De la identificación y evaluación de impactos.

El Proponente que ha presentado su solicitud de regularizar un proyecto, obra o actividad ante la AAC, estará obligado a contrastar los resultados de la parte de Identificación y Evaluación de impactos con un estudio complementario que utilice un método alternativo. Esta disposición se cumplirá mediante la presentación de una segunda opinión de otro consultor acreditado. Cuando la evaluación inicial difiera en su contenido con la revisión del segundo consultor, la AAC revisará las diferencias y tomará las decisiones que propendan a proteger, en mayor grado, el ambiente y la población.

Otro articulado complementario al primer, sugiere que los peligros no determinados en una identificación y evaluación insuficiente, o cuando existan duda sobre los mismos, sean analizados hasta que se determine con el más alto grado de certeza y precisión posible el riesgo que puedan ocurrir:

Art. Xxx. De los riesgos de daño ambiental. Cuando exista la presunción que pueda ocurrir un daño grave o afectación a la flora y/o fauna, actividades económicas o a la población, y el método de identificación y evaluación ambiental en el EIA se presenten como insuficientes o cuando existan dudas sobre la veracidad de los mismos, estos serán analizados y evaluados hasta que se determine con alto grado de certeza la ocurrencia, o no, del posible impacto ambiental.

5.2 Propuesta al proyecto de dragado

La propuesta se enfoca en presentar directrices que conlleven a establecer taxativamente una metodología concreta para el EIA de un dragado, dentro de un marco ambiental integrado ofreciendo una estrategia holística e integral (Voulvoulis, 2015), impulsada por una normativa ambiental como la que se aplica en España (Ley de Evaluación de Impactos Ambientales de Proyecto), donde se incorporen y describan, entre otras cuestiones:

a) Tomas de campo de muestreos tanto en número como por espacio de tiempo.
b) Métodos de medición y modelación, que incluyan técnicas de recolección de datos, así como evaluación de las mismas.
c) Procedimientos de laboratorio aplicados al medio físico, químico y biológico.
d) Implementación de una evaluación de análisis de riesgos (Cura et al., 2006)
e) Aplicación de un manejo ambiental integrado.

5.3 Conclusiones

El presente trabajo investigativo presenta las siguientes conclusiones:

5.3.1 Conclusiones generales

La validación de la etapa de identificación y evaluación de impactos durante la construcción de un EsIA, con el uso de métodos alternativos, fortalece los resultados y mejoraría la toma de decisiones antes de elaborar el Plan de Manejo Ambiental, haciendo más efectiva la selección de medidas ambientales para el Plan de Manejo y, complementariamente, más eficiente la asignación de recursos. Se reducirían de esta manera las posibilidades de conflictos ambientales y el riesgo que la ejecución y operación del proyecto sufra innecesarios retrasos.

5.3.2 Conclusiones acerca del EsIA del proyecto

1. Se ha logrado precisar con mayor exactitud la identificación y evaluación de los impactos ambientales negativos que produciría el dragado del islote El Palmar ubicado en el Cantón Guayaquil.
2. La consulta a expertos en diversos temas sobre el mismo caso facilitó la detección de impactos potenciales.
3. Se presentan marcados contrastes entre las condiciones de presentación de un Estudio de Impacto Ambiental (EIA) regulado por normas de aplicación general de la legislación ambiental ecuatoriana, y condiciones específicas de campo que invalidan o limitan esas estipulaciones. La falta de especialización de la norma para actividades relacionadas al dragado, genera un sinnúmero de problemas de orden práctico que ya han sido abordados en este documento.
4. Dentro del campo metodológico se ha logrado demostrar las múltiples ventajas resultantes de analizar y verificar comparativamente con por lo menos un método alternativo de identificación y de evaluación de impactos. El EIA analizado presenta un vacío de la ruta metodológica estándar de un estudio de impacto ambiental. Las matrices de contingencia no presentan los impactos identificados, ni la valoración para cada uno de ellos. Además, dentro de esta misma línea, la omisión de técnicas específicas de testeo, la no obligatoriedad y, por ende, discrecionalidad en la (no) aplicación de modelos que profundicen la revisión y alcance de los impactos sobre el medio ambiente y el ser humano, implican riesgos que deben ser controlados de una forma más científica para obtener así resultados con la mayor exactitud posible.
5. No está disponible, en el EIA original, la lista de los ciento veintidós (122) impactos categorizados en la tabla de identificación de impactos, ni en la de resumen de significancia de impactos ambientales por actividad. Existe una disociación entre el valor que se obtiene con la fórmula de los criterios relevantes y la matriz de calificación de impactos. Esto ahonda determinar la validez o no de los resultados obtenidos.
6. Con un método alternativo se pudo determinar que el impacto más importante, es decir el de mayor gravedad sobre los recursos acuáticos y la actividad de acuicultura, representa el riesgo de contaminación por sedimentos con hidrocarburos totales y metales pesados que serán resuspendidos durante todo el proceso de dragado. Para

este posible impacto, no hay medidas de prevención para su dispersión, ni remediación en caso de presentarse.

5.4 Recomendaciones

5.4.1 Recomendaciones para la norma legal

Se recomienda incluir en la norma que regula la elaboración de EsIA, la verificación del proceso de Identificación y Evaluación de Impactos por parte de un tercero, que utilizaría la información generada por el mismo estudio y permitiría determinar posibles inconsistencias en los resultados.

5.4.2 Recomendaciones para el proyecto

Sobre la base de los resultados se recomienda que para el proyecto de dragado de los sedimentos alrededor del islote El Palmar, se elabore un estudio de impactos ambientales específico para los posibles efectos sobre la calidad del agua y riegos a la acuicultura debido a la suspensión y transporte de sedimentos con metales pesados e hidrocarburos.

El estudio detallado que se sugiere incluiría: (a) Estudio de sedimentación conducido a través de un modelo de simulación (Environmental Evaluation Manual, 1999); (b) un diagnóstico detallado de las granjas de acuicultura que habría en la zona; (c) una modelación numérica de la hidrodinámica de la ría, con el fin de analizar la posible afectación de los trabajos del dragado y de las futuras alteraciones de reconstitución del lecho del cauce una vez que se haya modificado el perfil de la sección donde se realizará el dragado y, (d) en vista de que se identifican dos(2) tipos de materiales en función del grado de contaminación, se imponen distintos elementos de gestión de depósito de los sedimentos: uno para los que tienen bajos niveles de contaminación, y el otro que contenga una mayor concentración de contaminación (Estudio de Impacto Ambiental, 2014).

Bibliografía

Acuerdo Ministerial. (30 de julio de 2015). Texto Unificado de legislacion secundaria del Ministerio del Ambiente, Decreto Ejecutivo 3516. Ecuador.

Aguilo, A. et al. (1992). Guía para la elaboración de estudios del medio físico. Contenido y metodología. Ministerio de Obras Públicas y Transporte. MOPT. Madrid.

Antoquia, U. d. (s.f.). Codigo de Etica en Investigacion. Colombia.

Astorga, A. (2003). Lineamientos generales para Centroamerica. Manual Tecnico de EIA.

Bai, Y., Wang, Z. y Shen H. (2003). Three-dimensional modelling of sediment transport and the effects of dredging in the Haihe Estuarine. Estuarine, Coastal and Shelf Science, 175-186.

Bond, A., Fischer, T. B., Fothergill, J. 2015. Progressive quality control in environmental impact assessment beyond legislative compliance: An evaluation of the IEMA EIA Quality Mark certification scheme. Environmental Impact Assessment Review 2016. Artículo en prensa. http://dx.doi.org/10.1016/j.eiar.2016.12.001

Canter, L.W. . (1999). Manual de evaluacion de impacto ambiental. McGrawHill.

Ceda. (abril de 2015). Environmental Monitoring Procedures.

Codigo Penal Integral Ecuador. (10 de febrero de 2014). Suplemento R.O 180.

Conesa. (2000). Metodologica para la Evaluacion del Impacto Ambiental. España: Mundi Prensa.

Constitucion de la Republica del Ecuador. (20 de octubre de 2008). R. O. Nº 449.

Contreras, O., González, C. y Barbosa, A. 2015. Estado del arte de las metodologías para la evaluación ambiental en proyectos de inversión. Sinopsis (7):21-34.

Coria, I. D. (2008). Estudio de Impacto Ambiental: Caracteristicas y Metodologias. Argentina: Invenio.

Council, N. R. (2007). Sediment Dredging at Superfund Megasites. Assesing the Effectivness, Committe on Sediment Dredging at Superfund Megasistes.

Cuba. (2015). Evaluacion de impacto ambiental al proyecto de dragado Marina Periquillo. Revista Ingenieria Hidraulica y Ambiental, 17-30.

Cura, J., Neville B., Charllinor, S., Estes, T., Kevelam, D., Manz. W. . (2006). Environmental risk assesment of dredging and disposal operations. Obtenido de www.pianc.us/workinggroups/doc-wg10.pdf

Engineers. (2008). The Four RS of Enrironmental Dredging. Resupension, Release, Resdual and Risk. USA Whashington.

Environmental Evaluation Manual. (1999). Obtenido de docs.micanaldepanama.com/planmaestro/Study_Plan/Environmental_and_Social/Baseline_Studies/Environmental_Evaluation_Manual/0040.pdf.

EPA. (2006). Methods and Metrics for Evaluating Environmental Dredging at the Ashtabula River Area of Concern(AOC).

Espinoza, G. (2001). Fundamentos de Evaluacion de Impacto Ambiental. Cntro de Estudios para el Desarrollo. Chile.

Estudio de Impacto Ambiental. (2014). Estudio de impacto ambiental y proyecto del dragado ambiental de los sedimentos de la Ria de O Burgo.

Estupiñan, R. (2016). Estudio e impacto ambiental dragado de la II Fase y disposicion de sedimentos de los alrededores del islote El Palmar en la provincia del Guayas. Obtenido de http://www.guayas.gob.ec/dmdocuments/medio-ambiente/eia/2016/2016-octubre/EIA-ISLOTE-PALMAR-COMPLETO.pdf Disponible en: http://www.guayas.gob.ec/dmdocuments/medio-ambiente/eia/2015/2015-mayo/Estudio-dragado-a-la-profundidad-de-11-metros.PDF

Garmendia, A., Salvador, A., Crespo, C., Garmendia, L. (2005). Evaluacion de impacto ambiental. Madrid: Pearson Educacion, S.A.

Garzon. (2016). Actualizacion de estudios de factibilidad, impacto ambiental e ingieneria definitivos para el dragado del islote Palmar. Obtenido de sicm.compraspublicas.gob.ec/ProcesoContratacion/compras/PC/buscarProceso.cpe?sg=1

Gertler, P. J., Martinez, S., Premland P., Rawlings, L.B. y Vermeersch M. J. (2017). La evaluacion de impacto en la practica. Banco intermericano de desarrollo. Segunda Edicion.

Gomez - Orea, D. (1992). Evaluacion de impacto ambiental. Madrid: Agricola Española S.A.

Hayter, E. J. y A. J. Mehta. (1986). Modelling cohesive sediment transport in estuarial waters. Appl. Math Modelling.

Hernandez, R. F.-C. (2006). Metodologia de la Investigacion. Mexico: McGraw-Hiññ.

Herrenkohl, M. J. (2003). Engineering case study. Ward Cove sediment remediation project, 15-33. Alaska: Journal od Dredging Engineering.

Kahangirwe, P. 2011. Evaluation of enviromental impact assessment (EIA) practice in Western Uganda. Impact Assessment and Project Appraisal, 29(1): 79-83. http://www.tandfonline.com/doi/pdf/10.3152/146155111X12913679730719

Kazez, R. 2009. Los estudios de casos y el problema de la selección de la muestra. Aportes del sistema de matrices de datos. Subj. Procesos cogn. 13(1):71-89.

Landeta, Cruz J. (1998). Potenciales impactos ambientales generados por el dragado y la descarga del material dragado. Caracas - Venezuela: Instituto Nacional de Canalizaciones. Direccion de proyectos e investigacion.

M. Weber, C. L. (2006). Sedimentation stress in a scleractinian coral exposed to terrestrial and marine sediments with contrasting physical, organic and geochemical properties. Journal of ecperimental Marine Biology and Ecology, 18-32.

Michael R. Palermo, Paul R. Schoeder, Trudy J. (2008). Technical Guidelines for Environmental Dredging of Contaminated Sediments. US Army Corps of Engineers.

Ministerio de Agricultura, Pesca y Alimentacion. (2014). Estudio de impacto ambiental y proyecto del dragado ambiental de la Ria de O Burgo. Caracterizacion de sedimentos.

Morgan, R. K. 2012. Environmental impact assessment: the state of the art. Impact Asessment and Project Appraisal 30(1): 5-14.

OSPAR Commission. (2008). Assessment of the environmental impact of dredging for navigation purposes. London: United Kingdon.

Paez, C. 2002. Environmental auditing: the case of Ecuadorian industry. UNEP EIA Training Resource Manual. Case studies from developing countries.

Real, R. y J. M. Vargas, 1996. The Probabilistic Basis of Jaccard´s Index of Similarity. Syst. Biol. 45(3):380-385.

SENPLADES, 2017. Secretaría Nacional de Planificación y Desarrollo. Quito. 164 pp. Descargado de: http://www.planificacion.gob.ec/wp-content/uploads/downloads/2017/07/Plan-Nacional-para-el-Buen-Vivir-2017-2021.pdf

Southwood, T. R. E. 1996. Ecological methods. Chapman & Hall.

Tómas, J. 2014. Tres décadas de evaluación de impacto ambiental en España. Revisión, necesidad y propuestas para un cambio de paradigma. Tesis para optar al grado de Doctor por la Universidad de Alicante. Alicante. https://rua.ua.es/dspace/bitstream/10045/48910/1/tesis_de_tomas_sanchez.pdf

Universidad de Guayaquil, (2016). Código de Etica, disponible en : http://www.cisc.ug.edu.ec/cisc/images/CODIGO_DE_ETICA_DE_LA_UG.pdf.

USEPA. (2005). Contaminated Sediment Remediation Guidance for Harzardois Waste Sites, U.S. Environmental Protection Agency.

ANEXOS

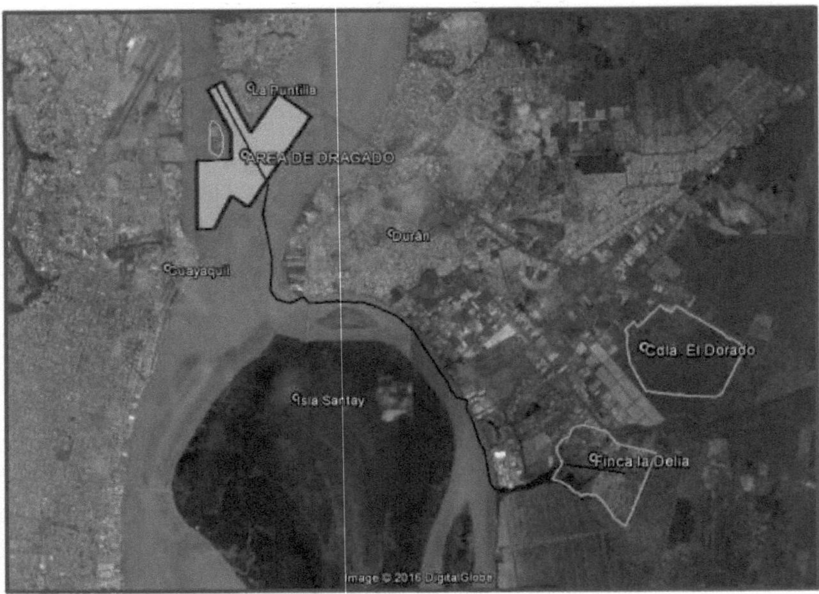

Figura 1. Ubicación del área donde se realizara el dragado, el recorrido de las tuberías de transporte de sedimentos y las áreas de depósito.

Fuente: GAD Provincial del Guayas, 2016

Figura 2. Ubicación de camaroneras y del área de dragado.

Fuente: GAD Provincial del Guayas, 2016

ENCUESTAS A EXPERTOS

Encuesta sobre posibles impactos por el dragado alrededor del islote El Palmar en el río Guayas

Experto en calidad de agua: Ing. Mariano Montaño

¿Conoce usted antecedentes de impactos ambientales por contaminación del agua debido a actividades de dragado en el estuario del río Guayas?

No tengo información de esto.

¿Cuáles considera Ud. que serían los principales impactos debido al dragado de sedimentos alrededor del islote El Palmar?

El dragado es un proceso inducido de erosión, transporte y deposición de los sedimentos. Este proceso tiene el potencial para producir directa o indirectamente impactos negativos y positivos en el ambiente de las áreas dragadas. Tales impactos generan cambios en las características físicas, químicas y biológicas de los ecosistemas.

Es importantes la identificación, descripción y análisis de los posibles impactos negativos producidos durante y después del dragado, sobre la calidad del agua y la vida acuática (flora y fauna), así como los posibles impactos negativos generados por la resuspensión de sedimentos contaminados, y los cambios físicos del fondo acuático, con referencia al canal de salida del río Daule.

Impactos sobre la calidad del agua. Las operaciones de dragado del material dragado provocan potenciales e importantes cambios físicos y químicos sobre la calidad del agua.

Cambios físicos sobre la calidad del agua: durante y después del dragado los sedimentos del fondo son mecánicamente removidos y suspendidos en la columna de agua. Los sedimentos más pesados como gravas y arenas rápidamente se sedimentan pero los sedimentos finos como arcillas y limos permanecen en suspensión. Esos sedimentos finos son transportados por las corrientes y el oleaje produciendo una nube de sedimentos que pueden alcanzar hasta 5 kilómetros cuadrados, generando turbidez y por ende reducción de la penetración de la luz necesaria para los procesos de fotosíntesis y cambios en el calor de radiación.

Para estimar los impactos generados por la turbidez sobre la calidad del agua y sobre algunas especies del ambiente es necesario medir los cambios de densidades en la columna de agua, el ph y la temperatura del agua y a través de un estudio visual de imágenes de satélite, estimar el diámetro de la nube de sedimentos finos suspendidos que permanecen flotando en la superficie del agua. La importancia de esos cambios en un determinado estuario es una función de la relación área dragada, el área total y los volúmenes de agua . (Landeta, Cruz J., 1998)

Cambios químicos sobre la calidad del agua: los cambios de las características químicas del agua generados por el dragado y la descarga del material son difíciles de estimar, monitorear y controlar debido a la naturaleza de los procesos y parámetros involucrados. Algunos de los parámetros que reflejan los cambios químicos sobre la calidad del agua, producto del dragado: la demanda de oxígeno, el aumento de nutrientes, presencia de trazas de metales pesados y pesticidas en la columna de agua y la modificación de los niveles de salinidad.

Para predecir los cambios químicos de la calidad de agua generados al descargar, directamente en agua, el material dragado con dragas de tolvas, se recomienda realizar el ensayo de Eluato estandarizado. Este ensayo consiste en la mezcla de una parte de sedimentos con cuatro partes de agua, ambas muestras tomadas del área a dragar, permitiéndose por espacio de una hora su sedimentación para luego filtrar y analizar la composición química del material (Landeta, Cruz J., 1998)

¿Cuáles considera Ud. que serían los principales parámetros de calidad del agua que serían afectados?

- Oxígeno Disuelto
- Turbidez, es el cambio físico más importante generado sobre la calidad del agua
- Temperatura
- Otros (explique. arriba)
- ph
- demanda bioquímica de oxígeno

- aumento de nutrientes
- trazas de metales pesados y pesticidas en la columna de agua
- modificación de los niveles de salinidad.
- caracterización biológica de los sedimentos.

¿Qué medidas de control y seguimiento recomienda Ud. que se realicen durante el dragado?

El agua es el mayor vehículo de transporte de contaminantes y el medio en el cual esos contaminantes pueden desarrollar reacciones químicas y físicas. Usualmente, los sedimentos localizados en canales de navegación ubicados en las cercanías de grandes ciudades con complejos industriales, altos volúmenes de tráfico comercial y descarga directa de aguas servidas presentan altos niveles de contaminación. Una de las causas de esta situación es la presencia de partículas de arcillas y limos con cargas negativas, las cuales tienden a absorber los contaminantes. En consecuencia, los procesos de dragado no incorporan nuevos contaminantes al medio acuático simplemente tienen el potencial para poner en suspensión y distribuir los sedimentos contaminados por las fuentes de polución antes citadas (Landeta, Cruz J., 1998)

Cuando el material a dragar presenta alto nivel de contaminación se recomienda confinar la zona a dragar y utilizar un proceso de dragado que minimice la suspensión y distribución de las partículas finas contaminadas.

Para estimar el potencial de contaminación de los sedimentos a dragar no basta con conocer la concentración total de los contaminantes presentes, por lo que se recomienda combinar éste con los resultados de varios ensayos, como Eluato test y la caracterización biológica de los sedimentos.

En consecuencia, la recomendación mayor para evitar costos y minimizar los impactos ambientales por el dragado de sedimentos contaminados es el control ambiental de las fuentes generadoras de contaminantes como son las industrias, la descarga de aguas residuales sin tratamiento y las actividades agrícolas (Landeta, Cruz J., 1998)

Encuesta a experto en biología pesquera: Biólogo Luis Arriaga

¿Conoce usted antecedentes de impactos ambientales por contaminación del agua debido a actividades de dragado en el estuario del río Guayas?

NO

¿Cuáles considera Ud. que serían los principales impactos debido al dragado de sedimentos alrededor del islote El Palmar?

NEGATIVOS:

Re suspensión temporal de los sedimentos y bacterias en el lugar en que se realice el dragado

Incremento temporal de la turbiedad en la columna de agua en el lugar en que se realice el dragado

Posibles cambios temporales en el oxígeno disuelto en la columna de agua en el lugar en que se realice el dragado

Posibles derrames accidentales de combustible o grasas desde el equipo de dragado y/o embarcaciones de apoyo operando en el área del dragado

Posible contaminación en el lugar en que se depositen los sedimentos retirados de los alrededores del islote

POSITIVOS:

Profundización del lecho del rio guayas, disminuyendo el proceso de pérdida de la profundidad

¿Cuáles considera Ud. que serían las principales acciones durante el dragado que producirían efectos negativos en la pesca en el estuario del río Guayas?

La actividad del dragado al extraer sedimentos, re suspenderá temporalmente los sedimentos, lo que afectaría temporalmente la concentración de sedimentos en la columna de agua y del Oxígeno Disuelto, en el lugar en que se realice el dragado, lo que podría afectar a la distribución de los recursos de interés pesquero (peces y crustáceos extraídos por pescadores artesanales) en los alrededores del sitio en que se desarrolle la actividad del dragado; esto dependerá del momento en que se lo realice ya sea en pleamar o bajamar, estación seca o lluviosa, así como del tipo de equipo a ser utilizado para el dragado.

Al no haber evaluaciones poblacionales en el tramo inicial del río Guayas y existiendo una actividad de pesca limitada a pocos pescadores artesanales, resulta difícil precisar el impacto en la pesca irregular que se desarrolla en el tramo interno del Guayas, entre la puntilla y la isla Santay, área fuertemente influenciada por las mareas diarias y por supuesto por los caudales de los ríos Daule y Babahoyo.

¿Cuáles considera Ud. que serían las principales acciones durante el dragado que producirían efectos negativos en la acuicultura en el estuario del río Guayas?

Debido a la dinámica del río Guayas, fuertemente influenciada por las mareas y los caudales de los ríos aportantes, la re suspensión temporal de los sedimentos ocasionada por el dragado se atenuará según el momento en que se realice el dragado, y esta atenuación será mayor mientras mayor sea la distancia desde el sitio del dragado hasta los lugares en que se encuentren las actividades de maricultura más cercanas.

La re suspensión de los sedimentos podría ocasionar la re suspensión de bacterias potencialmente patógenas y de los metales pesados, y estos (baterías y metales pesados) podrían llegar hasta los puntos de captación de agua por parte de los acuicultores que realizan actividades en la parte interna del estuario del río Guayas.

¿Qué medidas de control y seguimiento recomienda Ud. que se realicen durante el dragado?

Análisis físico, químico (metales pesados) y microbiológico (bacterias) de los sedimentos a ser extraídos. Análisis previo al inicio de la actividad de dragado y periódicamente durante el dragado.

De seguimiento

Análisis de la calidad del agua en las tomas de agua de las granjas de acuicultura más cercanas al sitio del dragado.

Con enfoque de prevención, dar aviso a las granjas de acuicultura más cercanas para que durante las horas de dragado, no extraigan agua del río para sus piscinas.

Otras medidas

Aplicación de un plan de prevención de derrames accidentales de combustible y grasas desde el equipo de dragado y desde las embarcaciones de apoyo a la actividad de dragado, así como un plan de respuesta rápida para controlarlos en caso de que ocurran derrames accidentales. Lo anterior dentro de las medidas de un Plan de Manejo Ambiental.

Encuesta a experto en aspectos de dragados: Ing. Danilo Félix

¿Conoce usted antecedentes de impactos ambientales por contaminación del agua debido a actividades de dragado en el estuario del río Guayas?

No contesta.

¿Cuáles considera Ud. que serían los principales impactos debido al dragado de sedimentos alrededor del islote El Palmar?

El principal impacto del dragado consistiría en que los sedimentos se sigan acumulando sobre el islote, generando incremento en la barrera de la escorrentía en vez de evacuarse. Esto dará origen a la sedimentación inducida de los estribos laterales del islote El Palmar.

¿Cuáles considera Ud. que serían las principales actividades durante el dragado que produciría cambios en la calidad del agua y por qué?

El dragado en el sistema de tolva absorbe y proyecta a un botadero o reservorio los limos o arenas, siendo bajo su incidencia de contaminación de las aguas. Si se lo hace como lo han realizado en el islote El Palmar, más bien allí es una afectación y contaminación ambiental grave ya que se consolida sobre capas los materiales que debieron haber sido desalojados del cauce.

La turbulencia produce alteraciones de las partículas dando mayor espesor de sólidos y contaminantes orgánico inherentes, que están represados por los años de su acumulación en los puntos de confluencia.

¿Qué medidas de control y seguimiento recomienda Ud. que se realicen durante el dragado?

Las medidas de control se establecen dentro de lo que se proyectará en los términos de referencia, que puede ser batimetrías para llegar a una profundidad deseada, controles de turbulencia y contenidos de partículas de agua para ver su afectación. Y análisis de muestras de suelos para ver la constitución de los materiales dragados.

yes

I want morebooks!

Buy your books fast and straightforward online - at one of world's fastest growing online book stores! Environmentally sound due to Print-on-Demand technologies.

Buy your books online at

www.morebooks.shop

¡Compre sus libros rápido y directo en internet, en una de las librerías en línea con mayor crecimiento en el mundo! Producción que protege el medio ambiente a través de las tecnologías de impresión bajo demanda.

Compre sus libros online en

www.morebooks.shop

KS OmniScriptum Publishing
Brivibas gatve 197
LV-1039 Riga, Latvia
Telefax: +371 686 204 55

info@omniscriptum.com
www.omniscriptum.com

Printed by Books on Demand GmbH, Norderstedt / Germany